ALL contents are UNCLASSIFIED.
illustrated by 松竜

모던 스나이퍼2

목차

이 책은 '모던 스나이퍼 기초편'에 이은 후속편입니다. 저격의 기초기술은 '기초편'에서 자세히 설명하고 있습니다

들어가며 현대의 저격총

민간용라이플을 차용 (60년대)

Check 각종 구경의 개인소유 총기가 반입되었지만 그 가운데 .308구경탄이 일종의 규격으로서 널리 사용되었다.

"군용" 저격총의 탄생(70~80년대)

Check 목제스토크는 온도와 습도의 영향을 받아 변형될 위험이 있었다

전쟁형태의 변화(90～00년대)

1. 연사능력의 향상

Check 위와 같은 이유에서 반자동 저격총의 수요도 높아졌다

Check .338라푸아탄 외에도 미국에서는 .300 윈체스터 매그넘도 장거리 사격용 탄약으로 주목받아 미군에서 사용되고 있다

모듈러화를 통한 다기능성 (현재)

Check 모듈러화에 따라 총열과 구경의 교환이 현장수준의 정비(메인터넌스)과정에서도 가능해졌다.

이 세 사람과 배우자!

저자 소개

이이시바 도모아키

1973 년 도쿄 출신. 1993 년 미국으로 건너가 미시건 주립대학에서 육군 ROTC 훈련을 받은 뒤 1999 년 미 육군에 입대. 대전차전 담당 공수보병(MOS: 11B2P/11H2P) 로 82 공수사단에 복무하면서 2003 년에 「불굴의 자유 작전」에 참전해 「세계에서 가장 위험한 장소」로 통하는 아프가니스탄 동부의 코나르 주에서 탈레반 토벌작전에 종사. 2004 년에 소위로 임관한 뒤 육군 정보부에 소속(MOS: 35A) 되어 제4 스트라이커 여단의 AS2(2 과장 보좌/ 정보담당), 제1 군단 G2(정보부) 등에 소속된 뒤 2009 년에 제대, 군사 자문으로서 각 방면에서 활약중. 학력은 국제정치학 학사, 국제정치학 안전보장분야 석사. 주 저서로 '제82 공수사단의 일본인 소위(나미키쇼보)', '신 군사학 입문(공저, 아스카신샤)', '2020 년, 일본에서 미군이 떠난다'(고단샤) 등.

저격총의 사거리

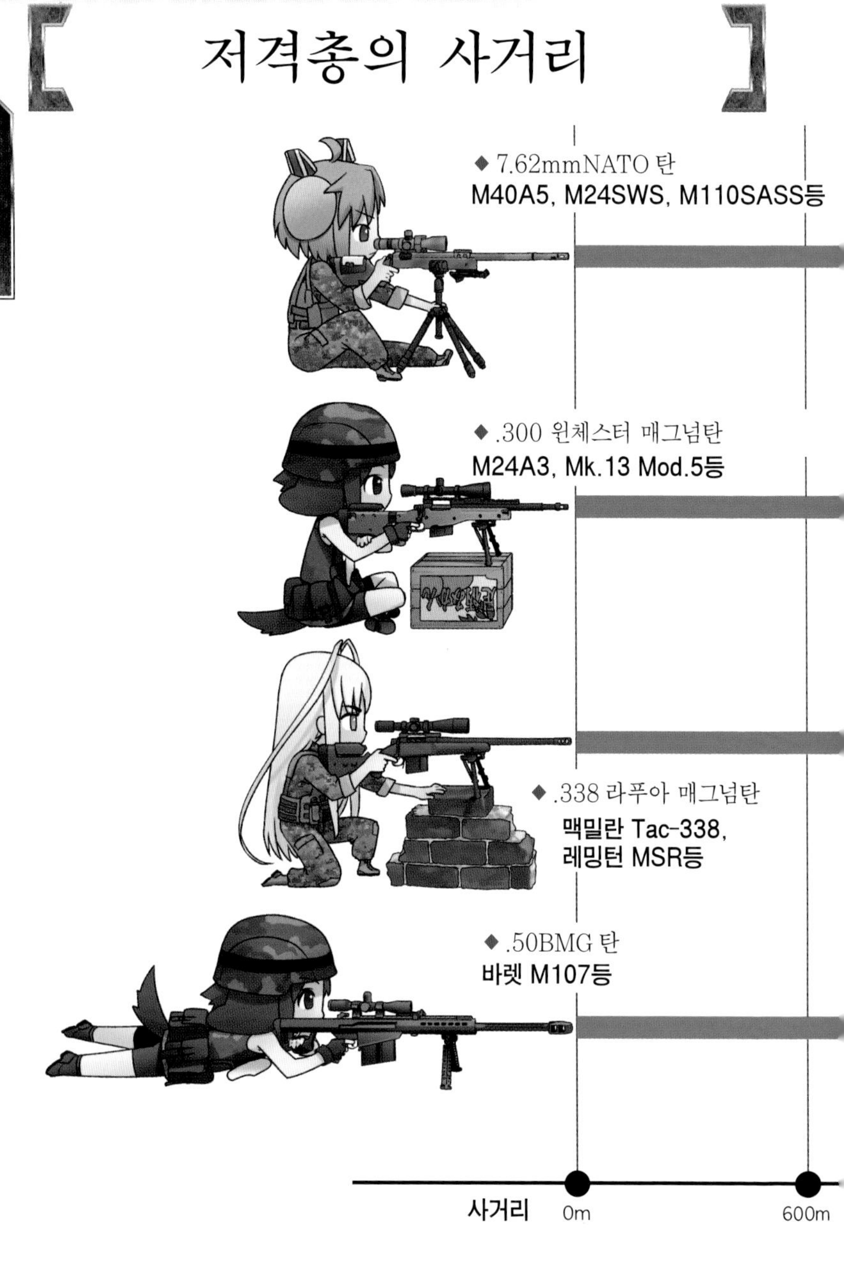
◆ 7.62mmNATO 탄
M40A5, M24SWS, M110SASS등
◆ .300 윈체스터 매그넘탄
M24A3, Mk.13 Mod.5등
◆ .338 라푸아 매그넘탄
맥밀란 Tac-338,
레밍턴 MSR등
◆ .50BMG 탄
바렛 M107등
사거리
0m
600m

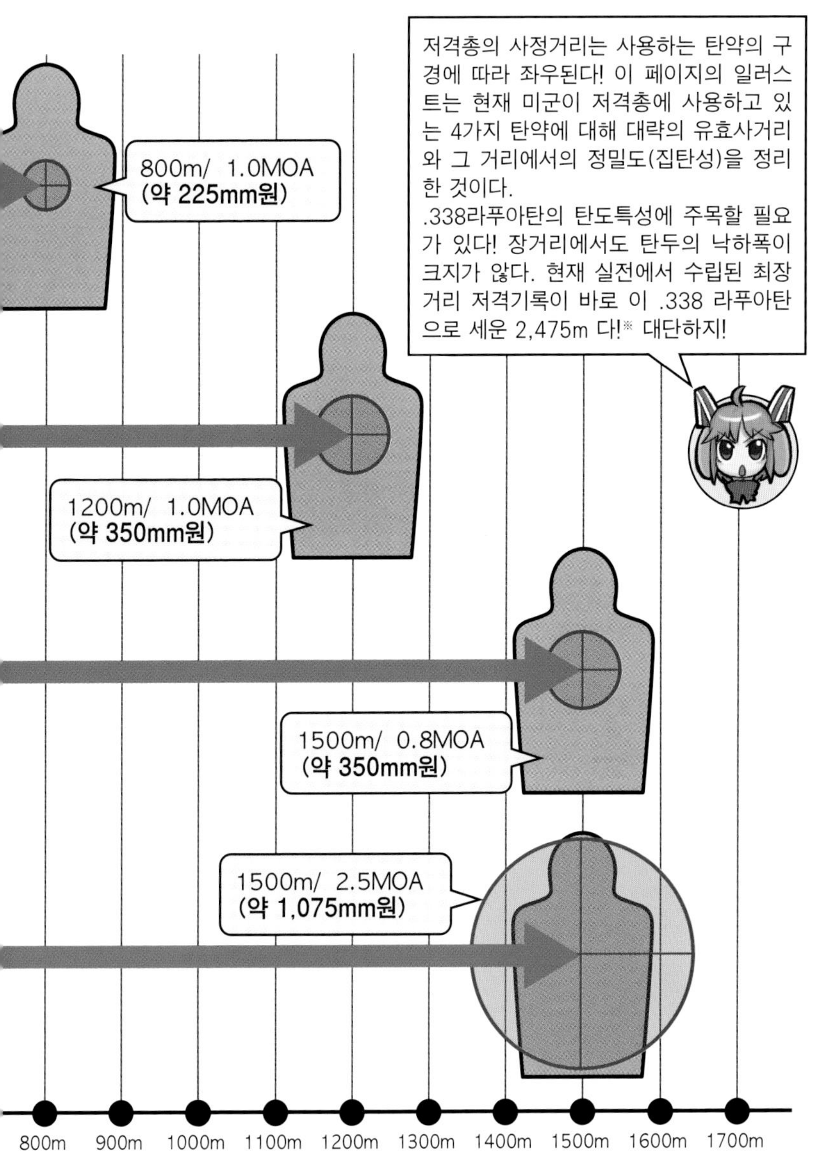

※ 2009 년 아프가니스탄 헬만드주에서 L115A3 소총을 사용한 영국군 스나이퍼가 기록 . 2017 년 .50 구경으로 캐나다군이 기록 갱신 (3,450m)- 편집자 주

◆스나이퍼의 저격거리

앞 페이지 그림에서 보듯, 현대 저격총의 유효사거리는 대략 800~1500m인 것으로 알려져 있다."유효사거리"란 탄환의 명중정밀도와 명중시 파괴력 등 여러 성능을 기대할 수 있는 범위라고 생각하면 된다. 그렇다면 스나이퍼는 실전에서도 이 거리 안의 목표라면 백발백중이 가능한가? 그것이 그렇지도 않다.

실전에서는 바람과 기온, 습도 등 환경조건이 더해져서 탄두의 궤도를 변화시킨다. 전장의 지형이나 상황의 영향도 크다. 아프가니스탄과 같이 차폐물이 없는 황야와 복작거리는 바그다드 시가지에서 관측가능한 거리와 사격이 가능한 거리가 같을 수 없다. 무엇보다도 스나이퍼가 상대할 대상은 고정된 거리에서 움직이지 않는 쇳덩어리 표적이 아니다. 실전에 있어서 저격거리는 카탈로그 스펙과는 달리 그때그때의 조건과 상황에 따라 크게 변화한다고 생각해야 한다.

이 책에서는 이러한 환경조건에 대한 수정방법과 실전을 상정한 여러가지 테크닉을 해설하므로 스나이퍼의 실제 모습에 대해서 해설해 가고자 한다.

◆원거리에서도 안정된 탄도 :.338 라푸아 매그넘

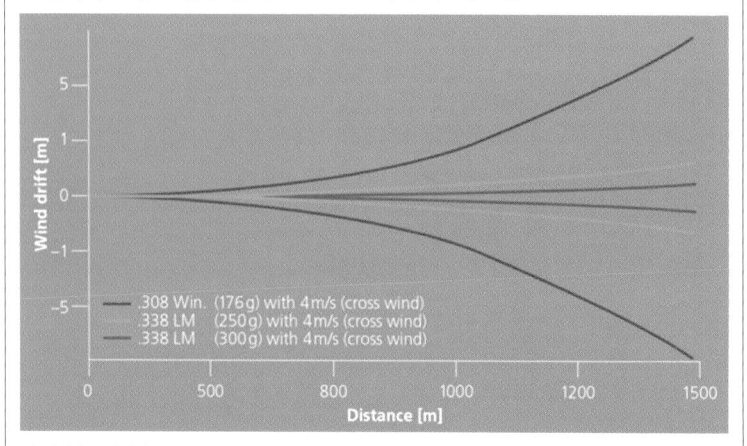

앞 페이지 그림에서 설명했듯 .338 라푸아탄은 직진성이 우수하여 장거리에서도 높은 정밀도를 자랑한다. 위 그림은 .308NATO 탄(탄두중량 176 그레인), .338 라푸아탄 (250 그레인과 300 그레인 2 종) 등 3종의 탄약에 대한 옆바람(풍속 4m/s)의 영향을 비교한 것이다. .308 탄이 1000m 지점에서 2m, 1200m 에서 5m 나 빗겨나간 데 대해 직진성이 높은 .338 탄, 그중에도 탄두가 무거운 300 그레인탄은 바람의 영향을 거의 받지 않았다고 해도 좋을 정도이다. 앞으로 .338 라푸아탄이 .308NATO 탄을 대체하여 새로이 저격총탄약의 사실상의 표준 중 하나가 될 것은 분명하다.

(자료제공 :RUAG Ammotec)

제1장

현대의 저격총

유럽편

유럽의 현대저격총

◆테러의 시대가 낳은 유럽 저격총

'기초편' 에서는 미국의 주요 저격총을 소개했지만, 이번엔 유럽의 저격총에 대해 그 진화의 과정부터 해설해가고자 한다. 미국에서는 베트남전이 저격총을 진화시킨 큰 원인이 되었으나, 유럽의 경우 빈발하던 테러에 대한 대응이 저격총을 진화시켰다.
1970년대 세계각국에서는 극좌집단 및 중동문제에 얽힌 팔레스티나 과격파에 의한 테러사건이 빈발했다. 일본에서도 '일본항공 351편 납치사건 (요도호 하이잭사건, 70년)', '연속기업 폭파사건(74~77년)', '일본항공 472편 납치사건(다카사건, 77년)' 등이 발생하였다. 세력이 작은 개개의 테러조직은 각각의 주의주장을 초월하여 다른 조직들과 연대하며 일종의 카르텔을 형성, 각국의 정부와 대립하였다. 일본인 테러리스트 오카모토 코조가 멀리 이스라엘에서 일으킨 '텔아비브 로드공항(현 벤구리온공항) 난사사건(72년)' 이 그 대표적인 예이다.

◆독일-뮌헨올림픽사건

독일의 저격총개발에 큰 영향을 끼친 것이 1972년 '뮌헨올림픽참사' 이다. 올림픽 선수촌을 급습한 팔레스티나 과격파조직 '검은9월단' 의 조직원은 이스라엘선수단을 인질로 잡고 이스라엘 정부에 대해 붙잡힌 동료들에 대한 석방※1을 요구하였다. 이스라엘정부가 이 요구를 단호히 거절한 바 당시 서독정부에게 남겨진 유일한 해결책은 무력행사뿐이었다.
서독정부는 이스라엘과 교섭을 계속하고 있다고 가장하며 시간을 벌었고, 이들이 해외로 탈출하기 위한 항공기도 수배해 주었다. 공항에서 매복하여 테러리스트를 저격하려는 작전이었다. 실제 8명이었던 테러리스트의 인원을 5명으로 오판한데 따라 사격성적이 우수한 경찰관 5명에게 H&K G3소총을 지급, 대기시켰다. 당시의 서독 정부는 대테러부대도 저격총도 보유하고 있지 않았던 것이다. 결과적으로 총격전끝에 인질 9인 전원사망, 경찰관 1명사망이라고 하는 최악의 결과를 맞았다. 테러리스트는 5명 사망, 3명 체포.
테러에 대한 대처를 전문적으로 훈련시킨 대테러부대와 함께 저격전용 반자동 정밀소총이 필요하다는 사실을 이해한 서독정부는 국경경비대 내에 대테러전문부대 GSG-9※2을 창설하는 한편 저격총 PSG-1을 탄생시켰다.

◆영국-북아일랜드 독립운동단체와의 대립

영국도 테러사건이 저격총 근대화의 큰 요인이 되었다. 당시 영국은 북아일랜드의 분리독립문제 및 분리파 테러단체 IRA(아일랜드공화국군)과의 격렬한 대립에 골머리를 앓고 있었다. 북아일랜드의 대테러활동에 경찰조직이 아닌 군을 투입했는데, 이는 오랜 식민지 통치경험에 기인한 것이다.
독일이 국내 치안조직에 의해 고정된 위치에서 이루어지는 저격에 특화된 PSG-1을 탄생시킨 것과 달리, 영국에서는 군에서 사용할 것을 전제로 한 내구성과 기동성, 총열교환 등 정비성을 우선적으로 고려한 저격총 L96(AW시리즈)가 탄생하였다. 애큐러시 인터내셔널은 두 번의 올림픽 사격종목에서 연속으로 금메달을 딴 말콤 쿠퍼가 설립한 회사로, 여기서 개발된 AW시리즈는 그 뛰어난 성능을 인정받아 유럽 각국의 군 및 사법기관이 사용하며 유럽의 대표적 저격총이 되었다.
여담이지만 테러에 대처하는 유럽 각국의 노력은 일본에도 영향을 끼치고 있다. 테러에 대해 저자세로 일관하던 일본정부는 후일 내각안전보장실장에 오르는 삿사 아츠유키를 필두로 하는 경찰관료를 유럽에 파견, 대테러활동에 관한 모든 것을 배워오게 한다. 이들은 귀국후 경찰 기동대 내에 현재의 경찰청특수부대 'SAT' 의 전신에 해당하는 부대를 창설하게 된다.

◆새로운 테러의 시대

이와같은 테러는 냉전구조가 붕괴하는 등 국제정세의 변화에 따라 1990년대 이후 하강곡선을 그리다가 2010년대에 들어 다시 변화가 감지되고 있다.
미국을 중심으로 하던 테러와의 전쟁은 계속 유럽으로 번지고 있고, 시리아 내전과 그 뒤를 따른 중동 정세의 악화 등을 배경으로 하는 난민문제 등이 더해져서 이슬람 과격파 및 이들에 찬동하는 론 울프형 테러 사건※3이 확대되고 있다. 특히 최근에는 희생자수가 늘고 있어 치안기관 및 대테러부대는 조직의 형태 자체를 포함하여 새로운 전략, 전술의 검토가 요구되고 있다.

※ 1 : 범인들은 이스라엘 정부에 대해 텔아비브 공항 총기난사 사건을 일으킨 오카모토를 포함하여 이미 체포된 테러단체 조직원 243 명의 석방 등을 요구하였다.
※ 2 : GSG-9 은 1977 년 극좌집단 서독적군파 (RAF)- 바더 마인호프와 팔레스타인 인민해방전선 (PFLP) 의 인원에 납치된 루프트한자 항공기를 소말리아 모가디슈공항에서 급습, 인질 전원을 무사구출에 성공하는 쾌거를 이룬다 (일러스트로 배우는 세계의 특수부대 2 러시아, 유럽, 아시아편 참조).
※ 3 : 론 울프 (Lone Wolf): 외로운 늑대라는 뜻. 조직적 배경 없이 인터넷 등을 통해 과격파조직의 사상에 동조하는 개인에 의해 발생된 테러를 뜻한다.

애큐러시 인터내셔널 AW 시리즈

◆영국군 제식 저격총 L96A1

애큐러시 인터내셔널(Accuracy International: 이하 'AI')은 영국을 대표하는 고정밀 라이플 제조 메이커이다. 이 회사의 아크틱 워페어 (극지전용: Arctic Warfare, AW)시리즈는 현재 유럽에서 가장 성공한 볼트액션 저격총으로, 미국에서 레밍턴 M700이 사실상의 표준으로 자리잡았다고 하면 유럽의 경우는 AW시리즈가 그에 준하는 사실상의 표준이 되었다.

AW시리즈는 거슬러 올라가면 1980년대에 등장했다. 영국 육군은 60년대부터 사용된 구형 저격총인 리엔필드 L42A1을 뒤이을 차기 저격총의 경쟁입찰을 실시했다. L42A1은 19세기 말에 채용된 구식 리엔필드 소총을 기반으로 한 것으로, 현대적인 저격총의 개념과는 동떨어져 있었다.

이 기회를 놓치지 않기 위해 AI는 AW시리즈의 원형이라 할 PM(Precision Marksman) 라이플을 입찰에 참여시켜 파커헤일 M85(원래의 최유력 후보) 및 H&K PSG1등을 물리치고 'L96/L96A1'의 정식명칭을 얻으며 채용된다.

80년대 중반쯤 스웨덴군은 한랭지에서 사용할 수 있는 신형저격총의 경쟁입찰을 실시했는데 AI는 L96A1을 개량해 이에 참가, 채용에 이르게 된다(스웨덴군 제식명은

◆ AW 소총 (사진 : 미 육군)

◆ L115A3 (사진 : 미군)

PSG-90). 이와 동일한 개량을 적용한 것이 AW이며, 앞의 스웨덴을 비롯해 벨기에, 독일, 네덜란드, 그리스, 스페인 등이 채용하고 있다. 또 냉전이 끝난 이후 새로이 EU/NATO에 가입한 라트비아와 체코에서도 사용하게 되었다.
유럽 이외에도 영연방에 속하는 호주와 뉴질랜드군을 포함, 여러 나라들의 경찰/사법기관등에도 채용되고 있다. 본가 영국에서도 AW형을 'L118A1' 이라는 이름으로 구매, 사용하고 있다.

◆독특한 스토크 디자인

이와 같이 세계적으로 널리 사용되게 된 가장 큰 이유는 저격총으로서 우수한 성능이 인정된 것이라 하겠다. 참신한 디자인의 스토크가 AW시리즈의 가장 큰 특징인데, 기존의 나무나 글래스 파이버(FRP)제와는 달리 프라모델이나 붕어빵같이 좌우분할된 플라스틱제 리시버로 좁고 긴 알미늄제 뼈대를 감싸도록 설계된 것이다. 플라스틱은 온도나 기후변화에 의한 변형이(목재에 비하면) 적으며, 이는 한랭지에서 특히 강점으로 작용한다. 한편으로 AW시리즈는 내부를 금속프레임으로 보강하여 전체적 강성도 충분하다. 또한 리시버가 금속 프레임에만 물려 있고 총열은 다른 곳에 닿지 않는 이른바 프리플로트 총열을 통해 높은 명중율을 실현하고 있다.
한편 사진에서 보듯 외관에서도 다른 저격총과는 크게 차별화되고 있다. 썸홀(엄지손가락을 넣도록 구멍이 뚫린 것)형태의 그립은 사격자세를 오래 취해도 피로감이 적다고 평가받고 있다. 마지막으로 전체적인 형태가 총열 바로 뒤로 쭉 뻗은 형태를 가지면서 발사반동이 정확히 뒷쪽으로만 전달되면서 총구가 위로 튀는 현상을 억제하는

L115A3
illustrated by tef

효과를 얻고 있다.
개인적으로도 독일군과의 합동훈련에서 그들이 사용하는 AW시리즈(.300구경 모델)를 사용하는 훈련을 받았고, 그 디자인에 반한 경험이 있다. 우선 썸홀 디자인이다보니 걸리적거릴 구석이 줄었다. 군용총이란 것은 삐죽삐죽 튀어나온 구석이 적을 수록 좋은 법이다.※1 탄창도 필요 최소한의 수준으로 돌출되어 있고, 치크피스(뺨받침)도 야트막한 형태로 되어 있는 등 전반적으로 돌출된 것이 적다.
AW시리즈의 스토크만 따로 AICS(Accuracy International Chassis Systems)라는 이름으로 별도 판매되고 있고, 미군에서도 M700 롱액션과 합친 Mk.13 Mod.5※2로서 육군 레인저 연대에서 사용하는 것이 확인되고 있다.

◆바리에이션과 사정거리의 확대

AW시리즈의 몇가지 바리에이션을 아래와 같이 소개한다.

SR-98: 호주/뉴질랜드군 버전. 10발들이 탄창을 장비.
AWF(Arctic Warfare Folding): 접절식 개머리판을 장착한 모델
AWP(Arctic Warfare Police): 경찰/사법기관용 모델. 총열이 2인치(약 5cm) 단축되어 있다.

※ 1: 덧붙여 설명하자면 군용저격총은 사격정밀도 이외에도 장거리 행군이나 차량, 항공기, 공중투하 등을 통한 이동과정 전반에 걸친 휴대의 편의성도 중요한 평가요소가 된다. 돌출된 부분이 적으면 장구류나 나무 등 외부 물체와 간섭할 가능성도 낮아지며, 이동에 있어서의 스트레스도 적어진다. 특히 공수부대에서는 특히 이러한 돌출부위에 테이프를 감아 두는 등의 조치를 취할 정도이다.
※ 2: Mk.13 라이플에 관해서는 '기초편' 참고

◆ AW50 (사진 : 笹川英夫)

AWS(Arctic Warfare suppressed): 서프레서(소음기) 내장모델. 주로 경찰용.
AWC (Arctic Warfare Covert) : 분해해서 수트케이스 형태의 특수 케이스에 넣을 수 있도록 설계된 모델. 민간에는 판매되지 않는다. 소음기를 장착할 수 있는 나사산 가공이 되어 있다. 영국 및 독일의 특수부대가 채용하고 있다고 한다.
AWM (Arctic Warfare Magnum): .300윈체스터매그넘 혹은 .338라푸아 매그넘을 사용할 수 있도록 구경을 조정한 모델.
AW50: .50구경 대물 저격총 모델.

영국군은 AWM의 .338구경(.338라푸아 매그넘) 모델을 L115A3 SSIP (Sniper System Improvement Programme)라는 이름으로 채용하였다. 이 총은 2008년 5월 처음 납품되어 아프가니스탄 전선에 투입되었다. 현지의 광활한 지형으로 인해 종래의 .308구경으로는 사정거리가 부족하다고 판단되어 더욱 강력하며 사정거리가 길고 탄도도 안정된 .338구경탄의 투입이 바람직했던 것이다.
L115A3은 NVD(야시장치)나 LRF(레이저 거리측정기), 삼각대 등 현대적인 저격용 장비와 함께 세트로 지급되어 있다. 또한 독일 연방군은 AWM의 .300구경(.300윈체스터 매그넘)모델과 AW50에 각각 G22, G24의 제식명을 부여, 채용하고 있다.

◆AX시리즈

AI사는 현재 최신형 모델(2017년 기준)로 주력인 AX시리즈와 사법기관용 염가모델 AT308을 발매중에 있다.

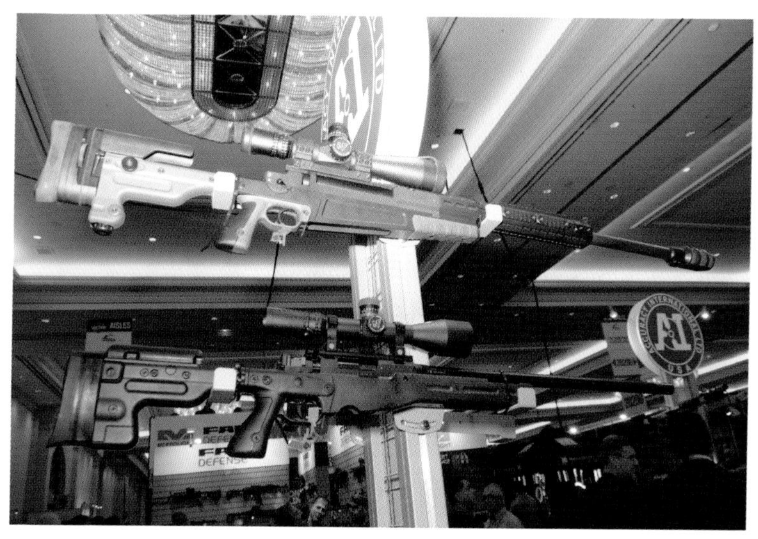

현재 AI 사가 발매하고 있는 AX 시리즈 (위) 와 AT 시리즈 (아래). 썸홀디자인이 아닌 피스톨그립형 디자인을 취하고 있다 .
(사진 : 사사가와 히데오)

최신의 인체공학적 디자인에 기초하여 설계되었고, 개머리판을 접을 수 있도록 하여 휴대성도 향상시켰다. AW와 마찬가지로 AX도 스토크만 따로 판매하기도 하여 이 스토크를 사용한 커스텀 정밀라이플을 제작, 판매하는 회사가 몇군데 있다.
개인적인 의견이기는 한데, AX가 다시 피스톨 그립(권총손잡이)을 채용하면서 AW시리즈의 큰 이점이라 할 썸홀 스토크를 폐지한 점이 아쉽다. AI는 2005년에 도산한 바 있고 현재의 AI사는 재건된 별개의 회사인데, 이러한 과정이 디자인에도 영향을 준 것이 아닐까 싶다.

◆ L115A3
구경:.338LM
길이:1300mm
(소음기 포함)
무게:6.8kg
총열길이:686mm(27인치)
장탄수: 5발
볼트액션

◆ AW50
구경:.50BMG
길이:1353mm
무게:13.5kg
총열길이:
692mm(27.25인치)
장탄수: 5발
볼트액션

◇SURGEON RIFLES Special.308 CSR

AI의 AX스토크를 사용한 커스텀 라이플 가운데 하나로, 국제 스나이퍼대회(5장참조)에서 미육군 특수부대원이 사용하고 있었다. 미국의 커스텀 라이플 업체인 서전 라이플즈가 자체제작한 쇼트액션(기관부)을 AX스토크에 얹어 발매한 모델이다. 현재 많은 커스텀 메이커가 자체 제작이나 외주 제작한 스토크, 액션, 총열 등을 조합하여 오리지널의 볼트액션 저격총을 제조하고 있다. 본 책의 표지모델(?)이 들고 있는 것도 바로 이것이다.

H&K PSG-1

◆사법기관의 사용에 특화된 저격총

1972년 뮌헨 올림픽 테러사건을 통해 연속 사격이 가능한 저격 전용 고성능소총의 필요성을 절감한 서독정부 및 사법기관은 독일(당시의 서독)내 여러 메이커에게 반자동식 저격총의 개발을 의뢰하게 된다. 이에 따라 만들어진 것이 월터의 WA2000과 H&K가 G3를 기초로 만든 PSG-1이고, 다소 불분명한 이유로 WA2000을 탈락시키며 최종적으로 PSG-1이 채용되게 된다.

PSG-1은 고정된 위치에서 엎드린 자세로 오랜 시간에 걸쳐 용의자를 감시하다가 필요에 따라 여러 표적을 짧은 시간내에 제거할 수 있도록 하는 데 주안점을 두어 설계되었다. 뮌헨 사건에서의 교훈을 강하게 반영한, 다시 말해 '그 때 거기 이런 물건이 있었더라면' 하는 아이디어를 모은 것이다.

그 결과 7.2kg라는 무게의 본체와 이를 얹을 전용 삼각대(일러스트 참조)가 완성되었는데, 여기서 작전의 기동성이라고 하는 측면은 거의 고려되지 않았음을 알 수 있다. 사법기관이 운용하는 데에 특화된, 다시 말해 용도가 한정된 총이긴 하나 볼트액션 저격총에 강하게 의존하던 저격의 고정관념을 벗어나 반자동 저격총이라고 하는 새로운 장르를 개척한 주인공이라 하겠다.

◆정밀한 반면 높은 가격

고성능을 자랑하는 PSG-1이지만 그만큼 비싼 가격은 역시 문제가 되고 있다. 현재와 같이 공작기계가 발달한 시대가 아니었기 때문에 제작과정상 숙련된 인원의 손기술에 의존하는 부분이 컸고, 독일의 높은 인건비사정상 단가 7,000달러※1라는 무시무시한 가격이 되어버렸다.

※ 1 : 1970 년대의 물가로는 승용차 2 대 (1975 년형 포드 그라나다) 수준 .

◆ PSG-1 (사진 : 笹川英夫)

■ PSG-1
illustrated by 硯

스코프도 고성능제품으로, 일루미네이트(발광형) 레티클(조준망선) 기능 및 탄도보정기구(Bullet Drop Compensator, BDC)※2가 설치된 헨졸트의 최고급 모델 ZF6×42 PSG-1이 부착되어 있다.
위와같이 한정된 용도와 비싼 가격의 문제에 대한 해결책으로 차후 개발된 군용버전이 MSG-90인데, 이는 PSG-1의 군용버전이라기 보다는 G3의 업그레이드판 군용저격총 모델이라고 하는 것이 적합할 것이다. 이것은 각국의 대테러부대에 도입되었고, 일본에도 해상자위대의 특수부대인 특별경비대 SBU 및 경시청의 SAT 등이 사용중에 있다.

◆이미 과거의 총

PSG-1은 독일의 대테러 및 사법기관 특수부대인 GSG-9(국경 경비대 소속)나 SEK(각 주 경찰 소속) 등으로부터 세계각국의 정예 대테러부대에 채용되었으나 현재는 거의 퇴역한 상태이다. PSG-1보다 성능과 정비성이 우수하면서 가격도 저렴한 반자동식 저격소총이 이미 여럿 개발되어 있기 때문이다.
PSG-1은 놀랍게도 개발완료 이후 오랜기간동안 생산과정 자체의 개량은 있었으나 총 자체의 개량은 거의 이루어지지 않았다. 2006년에 등장한 현행모델 PSG-1A1도 스코프를 신형인 대구경 슈미트&벤더의 3~12×50 Police Marksman II(PM II)를 얹으면서 이와 간섭하지 않도록 장전손잡이의 위치와 각도를 약간 변형한 데에 그쳤을 뿐 이렇다할 변화는 없다.
한 세대를 풍미한 걸작 저격총이지만, 이미 그 영광은 지나간 과거의 것이라 해도 좋을 것이다.

◆ PSG-1

구경:.308 (7.62mm NATO)
길이:1230mm
무게:7.2kg
총열길이:650mm (25.6인치)
장탄수: 5발/10발/20발
반자동

※2 : BDC: 거리에 따른 탄착점의 하강 (드롭) 율을 편리하게 수정할 수 있도록 하는 장치

H&K HK417 / G28 DMR

◆G28 DMR로서 독일군이 채용

2000년대 초반, 미 육군이 사용하던 M4카빈 소총의 개수 및 개량을 H&K에 요청한 결과 HK416이 개발되었다. 정작 이 계획은 결과적으로 중지되고 말았지만, HK416 자체는 그 고성능을 높이 평가한 여러 특수부대가 도입하고 있다※1. 또한 이 HK416을 기본으로 7.62mm 탄을 사용하도록 한 것이 HK417이다.

H&K는 독일 연방군에서 막스맨 라이플(지정사수총)로 사용되던 G3※2소총을 대체하도록 위의 HK417에 스코프와 양각대를 장착한 저격형을 제안하였으나, 실제 사용자로부터 성능상 몇가지 미진한 점이 있다는 지적에 따라 일단 채용에 이르지는 못했다. 장거리에서의 명중률에 문제점이 있었다고 하는데, 구경만 키운 돌격소총을 저격총으로 사용하기에는 사용상 불편도 있었을 것이다. 다시말해 종합적인 밸런스의 측면에서 저격총이 요구하는 것과는 달랐지 않았나 생각한다.

※ 1: M4 를 대체할 후계기종을 선택할 경쟁사업 (ICC, Individual Carbine Competition) 이 2010 년대에도 개시되어 HK416A5 가 이에 참가하였으나 이번에도 M4 를 굳이 교체해야 할 긴급한 필요가 인정되지 않아 계획이 중지된 일이 있다 .

※ 2: 독일연방군은 5.56mm 구경의 G36 을 도입한 이후에도 예전부터 써왔던 7.62mm 의 G3 에 스코프를 표준장비한 G3A3ZF 및 고정밀모델인 G3SG/1 을 사용하였다 .

◆ G28DMR(E2 형)　　(사진 : 櫻井朋成)

G28DMR

illustrated by 23

HK417을 더욱 저격에 특화된 총으로 개량하기 위한 노력의 일환으로 H&K는 매치그레이드(사격경기급 정밀도) 총열을 탑재한 민간모델 MR308/MR762를 기본으로 한 고정밀모델 DMR762를 개발하였고, 이는 2011년에 G28 DMR(Designated Marksman Rifle, 지정사수총)로서 독일연방군에 채택되었다.

◆HK417A2로 발전

최초 개발경위에서 알 수 있듯, HK416 및 417은 미국에서도 적극적으로 마케팅을 벌이고 있다. M4의 개량형으로서 '최종진화형'이라 할 HK416을 그대로 대구경화(보어업)한 HK417은 당연히 AR15계열 소총에 익숙한 미국의 사용자(특히 군경험자)에겐 간단히 적응할 수 있는 물건이다. 장전손잡이나 노리쇠 전진기의 위치 등이 AR15계열과 거의 같기때문에 조작에 있어 '하던 대로 하면 되는' 장점이 있다.

G28 DMR 개발의 경위가 반영된 HK417A2에 대해 H&K의 판매담당직원으로부터 설명을 들을 기회가 있었다. HK417이 A2로 개량되는 과정의 최대의 주안점이 리시버와 배럴 인터페이스의 강화라고 한다. 실제로 예전의 리시버와 비교해서 두께가 달라진 곳이 몇군데 있고, 총열의 축선과 조준선간의 정렬에 있어 정밀도를 높이는 '보어 액시스 얼라인먼트', 왼손잡이 사용자의 편의성을 높이는 좌우대칭형 개량 등이 더해졌다고 한다. 덧붙여 완전자동기능은 제거되고 반자동사격만 가능하게 되었다.
스코프는 독일의 슈미트&벤더의 PMII 3~10×50이 탑재되며, 메이커가 권장하는 탄약은 시에라의 매치포인트 HPBT (Hollow Point Boat Tail)탄이다.

◆독일연방군의 평가

업체에서 제시하는 내용만 보면 G28 DMR은 100m에서 1.5MOA 이하의 명중률을 보장하고 있으나 개인적 의견으로는 그다지 특출나 보이지 않는다. 이 정도 정밀도의 총은 결코 드물지 않다.
이때문인지는 알 수 없으나 현장의 평가도 이렇다할 특이한 것은 없는 듯 하다. 조지아주 포트베닝 기지에 저격훈련차 방문한 독일군 병사가 G28을 사용하고 있길래 정밀도에 대해서 물어보았는데, 그럭저럭 잘 맞기는 하는데 특출나게 좋은 것 같지는 않다, 나쁜 물건이라는건 아니지만 너무 무겁다는 답변이었다. 직접 들어보았더니 역시 무겁다는 느낌이다.
G28은 채용과정에서 강도를 높이는 차원에서 리시버의 재질이 알루미늄에서 강철로 변경되었다. 튼튼해진 만큼 반동도 줄었지만 그 대신 무거워졌다. 거기에 스코프, 라인메탈제 LLM-01 레이저포인터, 근거리용 에임포인트 T-1도트사이트, 야간투시경, 서멀사이트, 레이저 거리측정기(Laser Range Finder, LRF) 등을 부착하면 상당한 무게가 된다.
이러한 무게에 대한 불만사항에 대한 대책으로 H&K가 내놓은 것이 기본형(스탠다드모델/E2형)과 경량형 (패트롤모델/E3형)이다. E3는 핸드가드가 짧아지고 개머리판도 HK417과 같은 것이 부착되어 있다. 스코프도 작고 저배율인 슈미트&벤더의 PMII 1~8×24가 장착되었다.
이들 장비들은 클래스 2 메인터넌스(2급 정비: 부대내 정비계원에 의한 정비)에 의해 다른 제품으로 교환할 수 있지만, 기본적으로 모듈러 설계가 아닌 AR15계열이다보니 그다지 바람직스럽지는 않을 것이다. 현장에서는 E3형이 보다 평가가 좋은 듯 하며, 기동성이 중시되는 임무에는 E3, 그렇지 않은 경우 E2형을 사용하도록 하고 있는 모양이다.
또한 2014년 독일연방군이 제식으로 사용하던 5.56mm G36소총이 사용중 가열된 총열이 총몸의 플라스틱 부품을 변형시켜 명중률에 문제가 생긴다는 사실이 공식적으로 발표되었고, 아프가니스탄에 파병되는 부대가 사용할 총기로서 잠정적으로 HK417을 G27P라는 명칭으로 600정 조달하였다. 5.56mm 소총의 대용품으로 7.62mm 소총을 선택한 데에 대한 자세한 이유는 설명되고 있지 않으나, 교전거리가 긴 아프가니스탄 특유의 사정을 고려한 것이라 추측된다.

◆미 육군 CSASS 계획

2016년 미 육군이 진행하던 경량 반자동 저격시스템사업(Compact Semi-Automatic Sniper System, CSASS)에 KAC 등 미국의 메이커들을 따돌리고 H&K의 G28이 최종선정되어 M110A1 CSASS로 명명되었다.
CSASS는 종래의 M100 SASS (기초편 참조)를 대체하기 위한 것으로, 길이때문에 취급이 불편하던 M110보다 작고 가볍게 만들도록 하는 조건이었다. 카탈로그 스펙으로서는 최소길이 899mm, 무게 3.96kg(소음기 및 탄창을 제외한 무게)로 기존의 M110보다 130mm 짧으며 2kg 이상 가볍다. 미군은 이 총을 근거리 및 중거리(~800m) 저격에 활용하고, 장거리의 경우 볼트액션 저격총 레밍턴 MSR(기초편 참조)과 한팀으로 묶어 운용하려 한다.
앞에서 말했듯 G28/HK417은 미국에서 가장 많이 보급된 AR15 계열(정확히는 AR10)을 기초로 삼고 있으며, G28E도 마찬가지로 조작성이 동일한 바 현장의 사용자들이 받아들이는데 전혀 거부감이 없다. 이러한 배려는 사용자의 사기측면에서도 무시할 수 없는 영향이 있다.
CSASS계약은 납품 수량 3643세트에 대해 4,450만달러가 책정되어 있으며, 이는 단순계산으로 1세트당 12,000달러에 해당한다. 구입수량이 많다는 점도 있겠으나, 육상자위대의 구식 M24SWS의 구입단가보다도 낮다는 점을 알 수 있다.

◆ M110A1 CSASS

2017년 1월에 열린 이벤트에 소개된 M110A1. 핸드가드는 맥풀의 M-LOK(가늘고 긴 구멍을 이용하여 부가장치를 장착하도록 하는 인터페이스)를 채용하고 있다. (사진 : 飯柴智亮)

◆ HK417A2(16.5인치 총열형)

구경 :.308
(7.62mm NATO)
길이 :914mm
무게 :4.4kg
총열길이 :419mm
장탄수 : 30발

◆ G28E2(스탠다드모델)

구경:.308 (7.62mm NATO)
길이:965mm
무게:5.8kg
총열길이:421mm (16.57인치)
장탄수: 10발/20발
반자동

◆ G28E3 (패트롤모델)

구경:.308 (7.62mm NATO)
길이:965mm
무게:5.15kg
총열길이: 421mm (16.57인치)
장탄수: 10발/20발
반자동

◆ M110A1 CSASS

구경:.308 (7.62mm NATO)
길이:899mm
무게:3.96kg
총열길이: 414mm (16.3인치)
장탄수: 10발/20발
반자동

※위 무게는 탄창을 제거한 상태의 것

B&T APR308 / APR338

◆PGM제 저격총의 개량형

APR(Advanced Precision Rifle) 시리즈는 스위스의 새로운 총기메이커 브레거&토메(이하 B&T)가 제조하는 .308(7.62mm) 및 .338구경의 저격총인데, B&T가 처음부터 설계한 것은 아니고 프랑스의 PGM 프레시전의 저격총 '울티마 라티오(Ultima Ratio)'를 개량한 것이다.

개발의 경위를 간단히 설명하자면 다음과 같다. 2003년경 차기 저격총을 물색하던 싱가폴 육군이 PGM에게 기성제품을 개량하여 납품할 것을 요청하였으나 발주량이 적다는 이유로 거부당하게 된다. 이러한 상황에 B&T가 APR308(.308구경)을 완성시켜 제안하게 된다. 개선점은 우선 장전할 때 노리쇠가 60도만 회전하면 되도록 하여 몸이 작은 동양인의 체형으로도 조작이 쉬워진 점, 안전장치를 좌우 어느쪽에서도 조작이 쉽게 한 점 등이 있다. 또한 현대 저격총의 필수품이 되어가는 장비인 소음기를 장착할 수 있도록 총구가 개량되었고, 야간투시경(NVD) 및 열상장비(적외선스코프)를 탑재할 수 있도록 레일마운트가 증설되었다.

B&T는 2008년에 대구경화한 .338라푸아 매그넘 사용 버전인 APR338도 내놓았다. 이 두가지는 APR338이 1.2kg정도 무거울 뿐 외견상 거의 동일하며, 부품도 공통으로 사용하는데 이는 시스템상 우수한 이점으로 작용한다. .308구경에서 .338로 이행하는 데 있어 기존 경험 및 데이터가 구축된 .308을 그대로 둔 채로 조작성이 동일한 형태의 .338구경 총기를 획득할 수 있기 때문이다.

위가 308, 아래가 338. 많은 부품을 공통으로 사용하기 때문에 외견상 거의 같아보인다. 굳이 찾자면 탄창의 크기와 총열의 길이와 굵기 정도이다.

(사진 :B&T 제공)

APR338
illustrated by daito

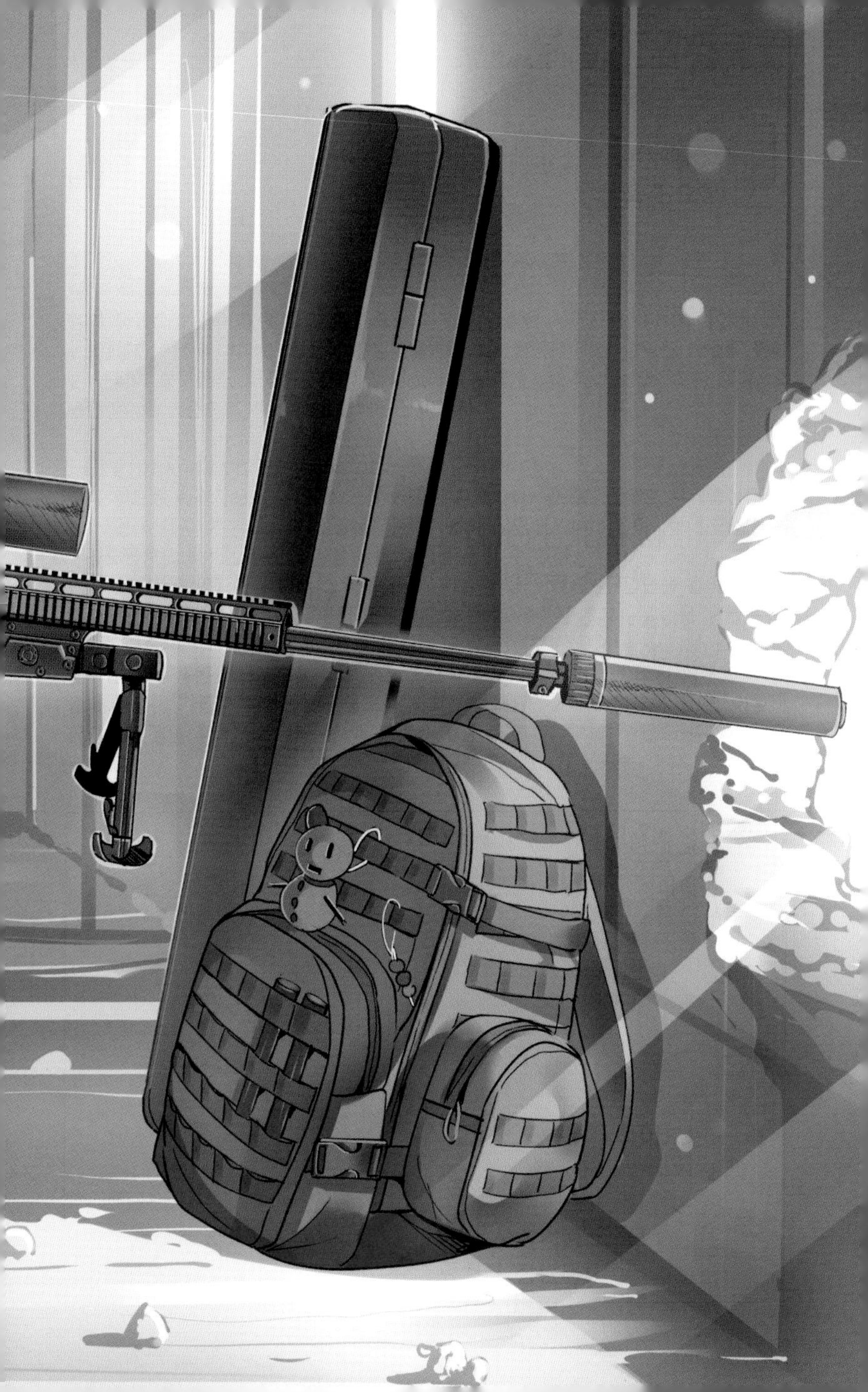

따라서 탄종 변경에 따른 훈련이 최소화되고, 부품을 공통으로 사용하는 데 따른 정비 단가의 절감효과도 크다. 전쟁은 서류상의 카탈로그스펙으로 싸우는 것이 아니며, 무기의 훈련도와 숙련도, 보급의 용이성 등의 요소를 생각할 때 APR은 매우 합리적인 시스템이라 하겠다.

◆뛰어난 실사성능

APR은 스코프, 양각대, 모노포드(단각대), 소음기, 예비탄창, 손질도구 등 필요한 비품이 전용 케이스에 모두 담긴 '저격시스템' 상태로 납품된다.

스코프는 독일 슈미트&벤더제 혹은 오스트리아의 Kahles제를 B&T제 마운트에 고정한다. B&T가 위치한 스위스와 같은 언어를 사용하는 이웃나라들이다보니 이들 회사들 사이의 연대감은 깊다. 소음기는 자사제를 장착하고 있는데, B&T는 원래 소음기 전문메이커이니만치 종합적으로 고성능의 결과물이 완성되었다.
스위스 툰에 위치한 B&T 본사를 방문하였을 당시 탄약메이커 RUAG의 협력을 받아 연구개발용 사격장에서 APR을 쏘아 볼 수 있었다. 중량감이 있다보니(.308은 7.01kg, .338은 8.2kg) 반동이 많이 억제되어 사격이 편한 느낌이었고, 둘 가운데서도 .338의 사격이 더욱 용이하게 느껴졌다. .338탄의 총구속도가 빨라 반동이 거의 수평방향으로 작용하기 때문에 총구가 튀는 현상이 적기 때문일 것이다. 소음기를 장착하면 이 반동이 더욱 적어져 사격이 그만큼 편해진다. 굳이 지적하자면 총구 앞에 설치된 가늠쇠는 이정도 수준의 저격총에서 굳이 필요하지도 않고 이동할 때 걸리적거릴 뿐이니 없는 편이 낫지 않나 싶다.
개머리판은 뿌리 부분에서 접을 수 있도록 되어 있어 휴대성을 높이고 있다. 공수투하에 있어서도 부담을 줄일 수 있어 좋다. 앞에서 말했듯 비교적 중량이 있는 편이라 체력에 자신이 없는 사용자에게는 부담이 될 수 있겠으나 저격수로서 훈련받은 사용자라면 큰 문제가 되지 않겠다.
총열의 수명은 7,000발이라고 한다. 총열은 간단히 교환할 수 있으므로 무기 정비훈련을 받은 인원이라면 단 몇 분 안에 새로운 총열로 교환할 수 있다. B&T는 부대에서 클래스 2 정비를 담당할 인원에 대한 정비교육도 제공하고 있다.
(참고로 클래스 1은 운용인원에 의한 간단한 정비를 말하며 클래스 2는 부대의 병기계원(아머러) 수준에서, 클래스 3은 아예 메이커에 반납되어 치러지는 수리 및 정비를 말한다)

◆신흥국을 중심으로 늘어나는 사용자

현재 APR은 싱가폴 육군 외에도 우크라이나, 루마니아, 코소보, 조지아(옛 그루지아), 한국 등의 군 특수부대, 룩셈부르크 경찰 등이 채용하고 있고, 칠레와 모리셔스 군은 .338모델을 채용하고 있다.
비교적 작은 나라들과 구 동구권국가가 주로 사용함을 알 수 있는데, 이는 대형메이커는 주로 다량발주가 가능한 미군 등에 주안점을 두며 소량발주에 소홀하기 마련이며, 신흥메이커인 B&T로서는 이 틈새시장에서 적은 수의 주문에도 성의껏 대응하며 호평을 얻어 조금씩 시장을 넓히고 있다.

애프터서비스가 빠르다는 점에서도 사용자의 평가가 높고, 실제로 당일에, 빠른 경우 몇 분 안에 문의사항에 대한 메일의 답신을 받은 경우도 많다 한다.

APR시리즈는 여기에서 소개한 것들 외에도 총열을 짧게 한 경찰용 모델 APR308P, 소음기를 내장한 소음모델 APR308S 등이 있다. 또한 B&T는 가능한 한 사용자의 특별한 주문에 기반한 모델을 제작하도록 하고 있다.

◆ APR308
구경:.308 (7.62mm NATO)
길이:1200mm
무게:6.1kg
총열길이: 610mm (24인치)
장탄수: 5발
볼트액션

◆ APR338
구경:.338LM
길이:1311mm
무게:7.9kg
총열길이: 685mm (27인치)
장탄수: 5발
볼트액션

많은 경우 저격총은 총 본체와함께 스코프, 소음기 등을 포함한 하나의 '시스템' 으로 제공된다. 전용 케이스에 한 세트가 정돈되어 담긴 모습은 'APR 저격시스템' 이라 할 만 하겠다. (사진 : 笹川英夫)

B&T SPR300 Wisper

◆소리없는 저격총

영화나 드라마에서 종종 보는 장면으로, 어두운 곳에 숨은 암살자가 소음처리가 된 저격총으로 목표물을 암살하는 것이 있다. 보통 이런 경우 저격총 앞에 원통모양의 소음기(사일렌서)가 달려 있기 마련이지만, 현실에 있어서 총구에 사일렌서를 부착하는 것만으로 총소리가 사라지게 만들 수는 없다. 어느 정도 소리는 줄지만 크고 날카로운 소리가 나게 마련이다. 이때문에 전문적으로는 '사일렌서' 보다 '서프레서' 라는 표현을 쓰는 경우가 많다(서프레서에 관한 자세한 설명은 62페이지).
그렇다고 진정한 의미의 소음(즉 소리를 거의 없애는)총이 불가능하냐 하면 꼭 그렇지도 않다. 여기에서 소개하는 스위스 B&T의 SPR300 Wisper는 그 '속삭임' 이라는 이름대로 거의 완전한 무음사격을 실현한 소음저격총인 것이다.

◆소음저격을 실현시킨 구조와 탄약

총을 쏠 때 발생하는 소음은 주로 나누어 장약의 폭발적 연소로 발생하는 것과 탄두가 음속 이상의 속도로 공기를 가르며 발생하는 충격파에 의한 것 (크랙, 일종의 소닉붐) 등이다. SPR300은 외관에서 보듯 총열 전체가 소음기로 감싸져있는 특이한 형상을 하고 있으며, 이 소음기(서프레서)가 장약의 폭발음을 흡수한다. 이에 더해 특수한 아음속탄(서브소닉) .300 위스퍼를 사용하여 탄두가 발생시키는 소음문제도 해결했다.

◆ SPR300
군더더기없이 가벼운 형상이며 개머리판을 접으면 상당히 컴팩트해짐을 알 수 있다.
(사진 : B&T)

SPR300
illustrated by 七G

앞서 소개한 APR(33P)와 마찬가지로, 스위스의 탄약메이커 RUAG의 연구개발용 사격장에서 SPR300의 사격을 경험할 수 있었다. 가장 놀라운 것은 역시 그 소리였다. 딱 하고 격발시 뇌관이 신관을 때리는 소리만 들을 수 있을 뿐이었다(이는 현재 탄약의 구조상 어쩔 수 없다). 예를 들자면 종이를 손으로 튕기는 정도의 소리가 날 뿐이었고, 조용하고 밀폐된 실내의 연구용 사격장에서 발사하였으니 들을 수 있었을 뿐 자연소음이 있는 야외에서는 그나마도 알아채지 못할 것이다. 전동건 발사음보다도 작다. 물론 일반적인 .300탄을 사용할 수도 있고, 이 경우에도 서브소닉탄을 사용할 때보다는 큰 소리가 나지만 여타 일반적인 라이플과 비교해서 매우 작은 소리라는 것은 명백하다.

사격의 느낌에 관해 말하자면 반동이 느리고 무겁다는 느낌이다. 바로 직전에 .338구경의 APR을 사격한 직후라서 더욱 그렇게 느꼈을 수도 있겠다. 야구로 말하자면 APR의 반동은 150km/h를 넘는 스트레이트라고 하면 SPR은 느린 체인지업에 빗댈 수 있겠다. 좋다 나쁘다가 아닌 익숙함의 문제라 하겠다.

◆컴팩트하여 휴대성이 높음

또한 그 무게는 놀랄 만큼 가벼웠다. 플라스틱으로 된 부품이 많고, 전체적인 실루엣도 가늘고 짧다. 개머리판을 접을 수 있다보니 더욱 컴팩트한 인상을 받았다. 총기와 세트로 납품되는 전용 케이스는 서프레서 등을 분리해 수납하게 되어 있는데, 겉에서 보아서는 내용물이 저격총이라는 것을 알 수 없을 정도로 컴팩트해진다.

정숙성과 컴팩트함이라고 하는 특이한 능력을 가진 SPR은 이미 유럽의 여러 특수부대에 채용되어 있다. 프랑스군 특수부대는 아프리카 말리공화국에서의 이슬람 과격조직에 의한 분쟁의 진압작전에 SPR을 사용했다. 야간에 아음속탄으로 저격당한 게릴라는 무슨 일이 일어나는 지도 모르는 채 하나둘 쓰러져갔다고 한다.

총열 전반을 감싸는 대형 서프레서는 소음효과 외에도 총구화염(머즐플래쉬)를 없애는 기능을 하기도 한다. 일반적으로 서프레서의 목적이 소리를 줄이는 데에만 있다고 오해하기 쉬우나 화염과 관한 것도 잊어서는 안될 것이다. 야간전투의 경우 사수의 정확한 위치가 발각되는 가장 주요한 원인이 바로 이 총구화염이며, 적군이 이를 목표삼아 사격을 가해오기 때문에 사수의 안전을 위해서도 매우 중요한 기능이다.

◆짧은 사정거리

무음저격을 가능하게 한 SPR300의 단점은 사정거리가 상당히 짧다는 것이다. 유효사거리가 서브소닉탄의 경우 150m, 일반 (초음속) 탄의 경우에도 300m이다. 다른 저격총이 보통 800m대를 넘기는 것과 비교하면 상당히 짧다고 하겠으나, 현대전에 있어서 시가지의 교전거리는 대략 300m 이하라고 하며, 경찰 및 사법기관의 스나이퍼는 그 이하의 거리까지 접근하여 저격한다.

이러한 환경에서는 오히려 지나치게 강력한 총기는 사용하기 곤란해진다.

예를 들어 .308탄이나 .338라푸아를 부주의하게 사용할 경우 과잉살상(오버킬)이나 부수적 피해(콜래트럴 데미지)의 가능성도 높아진다. .300 위스퍼탄과 SPR300이 활약할 수 있는 상황이 이런 경우이다.

.300위스퍼탄은 새로운 장르의 탄약이며, 이후의 훈련과 실전에서의 데이터를 쌓아감에 따라 운용법이 확립될 것이다. 이 특수탄약에 대해 이어지는 페이지에서 상세하게 설명하도록 한다.

탄약메이커 RUAG의 연구개발용 사격장에서 시험사격중인 필자. 반지하구조물 내에 설치되어 있으며 이 창문 앞에는 100m의 좁고 긴 복도모양의 사로가 있다. (사진 : 笹川英夫)

분해되어 전용 케이스에 수납된 SPR300. 크기가 상당히 작아지기 때문에 케이스 외관만 보아서는 내용물이 저격총이라는 것을 알 수 없을 것이다. (사진 :B&T)

◆ SPR300
구경:.300 Whisper / .300 Blackout
길이:1032mm
무게:4.8kg
총열길이: 250mm
장탄수: 10발
볼트액션

COLUMN 저격과 탄약

협력 / 자료제공 : RUAG Ammotec

보통 사람들이 스나이퍼에 대해 이야기할 때는 주로 저격총의 성능을 논하기 마련이다. 그러나 스나이퍼 본인들이 가장 주의를 기울이는 것은 탄약이다. 아무리 훌륭한 저격총이라 해도 탄약이 이를 받쳐주지 못할 경우 그 능력을 발휘할 수 없기 때문이다. 또한 용도에 따라 여러 가지 탄약이 있는 가운데 이를 적절히 선택할 수 있는 능력도 스나이퍼에게 요구된다. 여기서는 .300 위스퍼를 중심으로 현대 저격통의 탄약에 대해 해설하도록 한다.

◆목적에 맞는 탄약을 사용

탄약의 종류는 수없이 많겠으나, RUAG가 생산하는 탄약가운데 저격에 사용되는 주된 5종의 구경과 탄종을 오른쪽 그림과 같이 정리할 수 있다. 우선 기본이 되는 보통(ball: 흔히 말하는 풀메탈자켓:FMJ)탄 이외에도 여러 종류가 있으며, 각각의 탄두에 용도가 있고, 임무와 목적에 따라 적합한 것과 그렇지 않은 것이 있다.
가상상황으로, 범죄자가 건물 내에 숨어있다고 하자. 스나이퍼는 보통탄을 장입할 것이다. 그러나 직후 범인이 건물을 나와 야외에 주차되어 있던 버스에 올라탔다고 하자. 보통탄의 경우 버스의 유리를 관통하는 과정에서 탄도가 어긋날 것이므로 유리를 관통하는데 특화된 고관통탄(옆 페이지에서 Tactical이라고 표시된)으로 전환하여야 하는 상황이 된다.
덧붙여 군의 스나이퍼는 적군에 맞설 경우 헤이그조약에 따라 탄두를 완전히 구리로 감싼 보통탄만을 사용하도록 되어 있고 이의 위반은 전쟁범죄에 해당하지만, 범죄자를 상대하는 사법기관의 경우 이에 해당하지 않는다.

◆탄도통합

이 과정에서 문제가 되는 것이 탄착점이 달라진다는 점이다. 모양과 질량이 다른 탄두를 사용하는데서 오는 당연한 결과로, 이 문제는 스나이퍼에게는 치명적인 것이다.
이 문제에 대한 RUAG의 해결책이 'Coordinated Ballistics(탄도통합)' 이다. 탄두 모양이 다르더라도 동일한 구경의 탄약이라면 거의 같은 탄도를 가지도록 조정하는 개발사상을 말하는데, 필자가 아는 한 이와 같은 개발방식을 취하는 것은 RUAG가 유일하다 ('탄도통합' 이라고 하는 단어는 본서를 만들면서 새로 번역해 낸 단어).

◆RUAG의 주된 저격총용탄약

	5.56mmNATO	7.62mmNATO	.300 Whisper	.300 Win. Mag.	.338 Lapua Mag.	
Ball	○	○	○	○	○	탄두 전체를 구리로 감싼 이른바 풀메탈자켓(FMJ) 탄. 가장 일반적인 것으로, 정규군은 인마살상목적의 경우 교전규칙상 이것을 사용하도록 규정되어 있다.
Target	○	○	○	○	○	Target: 고품질의 Ball탄. 매치그레이드(사격경기용)로, 고급 재질과 더욱 엄격한 공정 및 품질관리를 통해 라이플의 성능을 최고로 발휘하게 한다. RUAG사에 의하면 일반 Ball탄보다 유효사거리가 15% 증가하는 효과가 있다고 한다. 스나이퍼가 사용하는 경우도 있다.
Styx Action	○	○	○	○	○	재킷 홀로포인트(JHP)탄. 앞쪽 끝이 옴폭 패여있어 착탄시 탄두가 버섯모양으로 벌어지면서 파괴력을 극대화시킨다. 관통력은 없으나 펀치력(저지력)이 강하다.
Tactical		○		○	○	유리 관통탄. 목표물과의 사이에 유리가 있을 경우 이를 관통하는 과정에서 탄도가 어긋나게 되는데, 이를 최소화시킨 탄.
AP	○	○		○	○	철갑탄(Armor Piercing). FMJ에 강철 혹은 텅스텐으로 된 심을 넣어 관통력을 높인 것.
API					○	소이철갑탄(Armor Piercing Incendiary). 연료탱크 등 인화성 목표에 화재를 발생시킬 수 있는 소이제가 충전되어 있다.
Final	○	○				인체에 맞을 경우 충격으로 탄두가 파괴되는 특수탄. 관통하지 않기 때문에 제3자에 대한 피해를 억제할 수 있다.
Sub sonic		○			○	아음속탄. 소음기와 함께 사용하여 발포에 따른 소음을 억제할 수 있다.
Sub sonic Final		○	○			아음속으로 발사되는 Final 탄.

※ .300 위스퍼는 Target 탄이 아음속 .
※ 위 표의 탄약명은 AP/API 등 일반적인 것 외에는 RUAG 사의 상품명임 .

◆.300 위스퍼의 탄종

여기서는 .300 위스퍼로 발매되는 4가지 탄종에 대해 각각의 특징을 설명하도록 한다. 아음속과 초음속탄이 각각 2종으로, 각각의 탄도는 통합되어 있다.

◆ Target

아음속/탄두중량 220그레인(14.3g)

고도의 품질관리를 통해 만들어져 높은 명중율을 자랑한다. 탄두중량이 무겁기 때문에 탄속이 제한되는 제약 속에서도 충분한 파워를 지니고 있다. 총구초속은 315m/s로, 음속(약 340m/s)을 살짝 밑돈다. 아래는 100m거리에서 탄도젤에 사격한 결과물. 매치그레이드탄이기 때문에 높은 명중율을 보이지만, 소프트타겟에 대해서는 사진에서 보듯 깨끗이 관통한다.

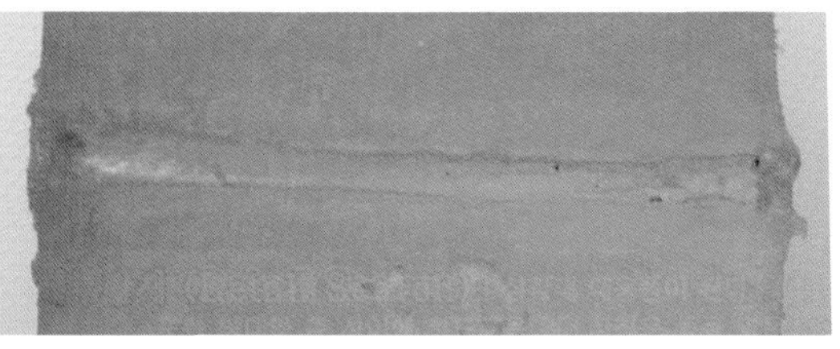

◆ Final

아음속/탄두중량 200그레인(13.0g)

이 독특한 탄의 탄심은 작은 금속조각을 압축해 굳힌 것으로, 사진에서 보듯 착탄시의 에너지에 의해 표적 내부에서 파괴된다. 약 20cm깊이까지 파고들어, 인체 사이즈의 표적인 경우 목표물 내부에 정지한다. Target탄과 Final탄은 탄도가 통합되어 있다(=탄도가 같게 만들어져 있다).

※ NIJ 레벨이라 함은 미국 사법기관의 장비조달기준으로서 정해진 방탄성능표준. 레벨 IIIA는 .44 구경 매그넘탄(권총탄) 등을 저지할 수 있는 성능이라 한다.

◆ HV Ball

초음속/탄두중량 146그레인(9.5g)

일반적인 풀메탈재킷탄. HV(High Velocity, 고속)이라는 이름대로 초음속탄이며, 총구초속은 571m/s. 정밀도가 높은 동시에 300m 이내 거리에서 NIJ 레벨 IIIA의 방탄베스트를 관통할 수 있다.※

◆ HV Styx Action

초음속/탄두중량 130그레인(8.4g)

착탄에 의해 앞부분이 버섯모양으로 벌어지며 목표에 큰 피해를 입힌다. 또한 목표를 관통하지 않거나, 관통해도 대부분의 에너지를 잃은 상태이기 때문에 제3자에 대한 피해를 최소화한다. 100m 거리까지는 NIJ 레벨IIIA의 방탄베스트를 관통할 수 있다. Ball탄과 Styx Action의 탄도 역시 통합되어 있다.

◆.300 위스퍼의 특징

.300위스퍼탄은 아음속을 유지하며 착탄시 최대의 에너지를 표적에 가할 수 있도록 된 탄약으로, 유효사거리가 150m로 짧다는 한계가 있지만 거의 완전에 가까운 무음을 실현하고 있다.

저격과 무관한 이야기지만, 이 탄약은 권총탄인 9mm 아음속탄을 계승할 목적으로 개발된 것이다. 한때 9mm 아음속탄은 H&K의 MP5 기관단총의 소음형인 MP5SD에 사용되며 큰 성공을 거두었지만, 위력면에서 여전히 불만이 있었다. B&T 및 RUAG는 차세대의 소음총으로 충분한 위력을 가지는 .300 위스퍼와 소음소총 APC300을 개발한 바 있다.

새로운 사상에 기반해서 개발된 이 탄약이 앞으로 어떻게 전개될 지 흥미깊게 지켜보고자 한다.

사법기관의 스나이퍼

해설 : 綾部剛之

이 책은 주로 밀리터리 (군) 스나이퍼에 관한 기술과 운용에 관해 해설하고 있으나 경찰 및 사법기관의 스나이퍼에 관해서도 양자간의 차이점에 주목하며 짚고 넘어가고자 한다 . 사법기관의 스나이퍼로는 과거에 취재했던 오스트리아 내무부 특수부대 EKO COBRA 의 스나이퍼팀을 예로 들어보자 .

◆COBRA란

우선 EKO (EinsatzKOmmando, 특수임무부대 - 독자번역) COBRA를 소개하자면 오스트리아의 내무부 직속 특수부대로서 국내의 대테러 및 인질사전, 무장범죄등 중~고위험도사건에 대한 대처, 국내외의 요인경호 등을 담당하고 있다.
유럽에서는 극좌폭력집단 및 팔레스티나 과격파에 의한 테러가 빈발하던 1970년대에 유럽 각국에서 대테러 특수부대가 연달아 창설된 바 있다. 72년의 뮌헨올림픽사건과 그에 대한 반성에서 출발한 독일의 특수부대 GSG-9은 잘 알려져 있다. 오스트리아에서도 75년에 OPEC(석유수출국기구) 본부를 노린 테러사건※1이 발생했고 이를 계기로 COBRA(의 전신인 GEK※2가 발족했다.

◆목표에 가능한 한 접근

사법기관인 COBRA에서 스나이퍼 팀의 주된 역할은 위에서 말한 대테러 작전 및 고위험도사건에 대한 작전을 수행할 때 돌입부대의 지원 및 경계/감시(오버워치), 그리고 저격이다. 사건현장에서 가까운 건물의 옥상 등 높은 위치에 배치되어 스코프를 통해 목표를 살피는, 마치 영화나 드라마를 통해 많이 봐 온 이미지와 제법 비슷하다고 보면 될 것이다.
밀리터리 스나이퍼와 가장 크게 다른 점은 우선 저격거리를 들 수 있다. 적지 혹은 피아혼재상황에서 활동하는 밀리터리 스나이퍼는 목표까지의 거리가 수백미터 이상인 상황에서 저격을 실시하게 되는 데 반해 사법기관의 스나이퍼는 100m 이내까지 접근하게 된다. 전쟁터와 달리 범죄상황에서는 사건현장(예를들어 범인이 농성중인 건물) 이외에는 위험성이 거의 없기 때문에 목표에 접근할 수 있기 때문이다. 당연히 가까우면 가까울수록 정확한 사격이 가능해지며, 주변의 제3자 및 민간시설에 대한 영향을 최소화할 수 있다. COBRA의 스나이퍼는 주로 훈련상황에서 사거리 200~300m, 시가지에서의 범죄상황에서는 60~100m, 장거리의 경우에도 600m 이상 거리를 두는 경우는 없다고 한다.
그러면 아래에 밀리터리(군) 스나이퍼와의 차이점을 정리해 보자.

POLIZEI
SSG-08
illustrated by めそんちゅ

◆ SSG-08 (사진 : 笹川英夫)

〈밀리터리 스나이퍼〉

· 목표로부터 가능한 먼 거리에서 저격
· 인명살상 및 기물의 파괴가 목적
· 적성지역에서 행동함에 따라 공격당할 가능성이 있다
· 잠입 및 탈출 등 기동성이 요구되므로 저격총을 비롯한 장비가 가벼울수록 좋다
· 발포 이후 스나이퍼팀이 위험에 처한다

〈경찰 및 사법기관의 스나이퍼〉

· 목표에 가급적 접근하여 저격
· 용의자를 포함한 인명을 지키기 위한 목적으로 불가피한 최종수단으로 발포
· 경찰이 현장주변을 봉쇄 및 통제하므로 공격을 받을 가능성이 없다
· 기동성이 거의 요구되지 않으므로 중량 등을 도외시하며 총 자체의 성능만을 추구할 수 있다
· 발포 이후 스나이퍼팀은 안전하다

저격거리가 짧기때문에 사법기관의 스나이퍼는 용의자의 머리를 타격목표로 삼는다한다(헤드샷). 앞에서 말했듯 사법기관은 주변에 대한 영향을 고려할 필요가 있어 범죄자를 단 일격에 무력화하여야 할 필요가 있기 때문이다. 인질을 잡고 있는 상황 등이 좋은 예이다. 부상을 입었을 뿐 무력화되지 않은 용의자는 흥분하여 인질에게 위해를 가할 수 있으므로 이러한 사태는 반드시 피해야 하기 때문이다(단, 장거리의 경우는 몸통을 노린다).
밀리터리 스나이퍼는 먼 거리에서 저격하므로 굳이 몸의 특정 부위를 노리는 경우는 드물다. 긴박한 전쟁터에서 조준에 지긋이 시간을 들일 여유가 없을 경우가 많기도 하다. 'Any hit is good hit(맞기만 하면 어디를 맞춰도 좋다)' 는 개념하에 확실성을 중시하여 몸의 중심부분, 즉 몸체 중앙을 노린다. 상대의 행동을 저지 및 방해할 수 있으면 반드시 머리를 노릴 필요가 없는 것이다.

◆스파터(감적수)의 역할

스나이퍼 팀은 스나이퍼와 스파터 2명이 1개조를 이룬다. 양자 모두 훈련된 스나이퍼라는 점은 밀리터리 스나이퍼와 차이가 없으나, COBRA에서는 동일 사건현장에서 역할을 교대하는 경우는 없다고 한다※3. 한편 밀리터리 스나이퍼의 경우 '기초편' 에서 해설했듯 적은 인원으로 며칠 이상 잠복하는 작전의 경우 휴식 등을 위해 임무중에 팀원간 역할을 교대하는 경우가 있다.

또한 스파터는 밀 도트 레티클이 없는 스코프나 쌍안경으로 현장주변의 상황을 감시하는 경우가 많다. 밀 도트 레티클은 거리측정이나 탄도보정에 사용하지만 100m정도 거리에서의 저격에서는 그 필요성이 적기 때문일 것이다.

SSG-08 에 붙은 DOPE 카드 (사거리별로 탄도의 낙하폭을 정리한 표). 밀리터리 스나이퍼의 경우 50m 단위로 수백 ~ 1,000 미터 가량 구간의 거리를 적어두는 경우가 많으나 COBRA 스나이퍼의 카드는 10m 단위로 200~390m 거리에 대한 데이터가 표기되어 있다. 사법기관 스나이퍼가 당면하는 상황의 특성상 짧은 거리에서 높은 정확도의 사격을 전제하고 있음을 알 수 있다. (사진 : 綾部剛之)

(사진 : 笹川英夫)

※ 1: 중립국인 오스트리아의 수도 빈에는 여러 국제기관이 본부를 두고 있다. OPEC(석유수출국기구) 도 그 가운데 하나. 1975 년 국제회의가 개최되고 있던 OPEC 본부를 극좌조직과 팔레스티나 과격파가 섞인 테러리스트일당이 습격하여 각국대표를 인질로 잡았다. 대테러부대가 없던 오스트리아는 테러리스트의 요구를 전부 수용한 후 인질의 몸값을 챙긴 범인이 국외로 탈출해버리는 수모를 겪었다.

※ 2. 1978 년 GEK (GendarmerieEinsatzKommando, 국가헌병대특수임무부대) 라는 명칭으로 설립. 이후 국가헌병대가 연방경찰로 재편됨에 따라 EKO COBRA 로 이름을 바꾸게 된다. 덧붙여 '코브라' 라는 이름은 인기 액션영화의 타이틀에서 따온 것으로, 원래 비공식명칭이었던 것이 공식적으로 붙어버리게 된 것이라 한다.

※ 3. 이것은 COBRA 의 운용상 지침일 뿐 여타 기관 및 부대가 그렇다는 것이 아니라는 점을 유의하기 바란다.

◆COBRA의 저격총

COBRA는 현재 슈타이어 만리허(불펍소총 AUG를 제조하는 '슈타이어 암즈' 의 정식명)의 .308구경소총 SSG08과 .50구경소총 HE.50M1 저격총을 사용하고 있다. 슈타이어는 19세기부터 이어져온 오스트리아의 총기메이커로, 오스트리아군의 역대 제식소총을 생산하고 있다.

SSG08은 스마트한 디자인의 섀시가 특징이다. 접을 수 있고 가는 모양의 개머리판, 조절가능한 치크패드와 버트패드, 모노포드, 탈착식 탄창 등 현대적인 특징을 고루 갖추고 있다. 피스톨그립은 손의 크기에 맞게 패널을 교환할 수 있도록 되어 있다. 총열을 교환하여 .300윈체스터 매그넘 및 .338 라푸아 매그넘탄도 사용할 수 있다.

HS.50M1은 투박한 디자인의 .50구경 라이플인데, 사법기관의 경우 .50구경의 특징인 긴 사정거리 및 강한 파괴력이 필요한 경우가 흔하지는 않으나 .308탄으로 대처할 수 없는, 방탄유리 등 범인 및 현장주변의 방호력이 강한 상황 등에 대처하기 위해 사용된다. 한편 COBRA는 가까운 시일 내에 새로운 .50구경 저격총으로 미국 데저트 택티컬 암스의 제품을 채택할 것이라 한다.

◆ SSG-08

구경:.308 (7.62mm NATO)
길이:1181mm
무게:5.5kg
총열길이: 600mm (23.6인치)
장탄수: 10발
볼트액션※.308구경 외에도 .243win / .300WM / .338 LM 모델도 있다.

(사진 : 笹川英夫)

SVD 드라구노프

◆동구권의 대표적 저격총

20세기 후반에 걸쳐 서방측의 대표적 저격총을 M24SWS라고 한다면, 동구권의 대표는 SVD 드라구노프(이하 SVD. 미군에서도 이렇게 부르고 있다)일 것이다. 당시 소련군의 주력이던 AK47소총은 튼튼한 것으로 유명한 걸작총이지만 사정거리가 비교적 짧아 원거리의 적에 대응하지 못하는 결점이 있어 이를 보완하기 위해 채용된 것이 SVD이다. 소련 및 러시아군 외에도 제3세계나 테러조직에 널리 퍼져있어, 미군을 위시한 서방국가의 병사에 대한 저격에 가장 많이 쓰인 총이라 할 수 있겠다. 특히 최근에는 조직화되고 있는 테러 및 게릴라세력에서 AK와 SVD를 조합한 전술이 감지되고 있고, SVD에 의한 부상이 늘고 있다는 보고도 있다는 점에서 이 총의 성능 및 특성을 잘 파악해 둘 필요가 있다.

M24SWS와 SVD 사이의 가장 큰 차이점은 작동방식이다. SVD는 반자동식으로, 개발된 것이 1963년이라는 것을 고려하면 혁신적인 것이다. 서방측과 전술면에서 큰 차이를 보이고 있음을 알 수 있다. 서방측의 스나이퍼가 다양한 방면의 교육을 받은 정찰저격병이라 하면 동구권의 SVD사수는 AK의 짧은 사정거리를 보완하는 지정사수와 같은 존재인 것이다.

또한 서방측의 반자동저격총의 발단이라고 할 H&K PSG-1과 비교해도 PSG-1이 반동억제를 위해 의도적으로 무게를 늘린 측면이 있는 반면 SVD는 구멍이 뚫린 개머리판에서 보듯 무게를 억제하기 위한 설계의 결과물이다. PSG-1는 기동력이 요구되지 않는 경찰스나이퍼용인데 반해 SVD는 전쟁터에서 이동하며 사용하기 위해 휴대성을 높인 군용저격총이라고 하는 명백한 목적의 차이를보인다.

◆7.62×54mmR 탄약

SVD의 큰 이점은 그 탄약이다. 아주 오래된 7.62×54mmR탄을 사용하는데, 이는 1891년에 개발된 모신나강 1891/30 저격총에 사용되어 그 유효성을 실제로 증명해낸, 신뢰도가 높은 탄이다. 이 탄약은 기관총용으로도 널리 사용되어 병참면에서 우수

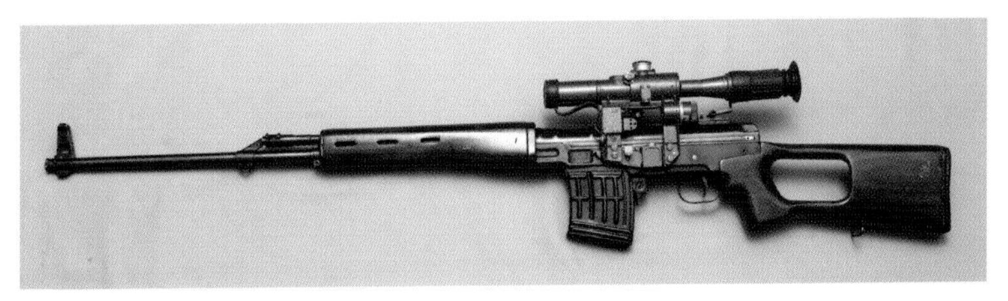

◆드라구노프 SVD

(사진 : 笹川英夫)

■ 드라구노프 SVD
illustrated by ハンコノヒト
◆드라구노프 SVD
구경: 7.62X54mmR
길이:1225mm
무게:4.3kg
총열길이: 620mm (24.4인치)
장탄수 10발
반자동

하다. 아무리 우수한 저격총이라고 해도 총알이 원활히 공급되어야 그 위력을 발휘할 수 있는 것이다. 이러한 이점 등이 있기 때문에 현대에도 러시아군의 볼트액션 저격총 SV-98에 채용되고 있다.
물론 기존 탄약을 그대로 유용한 것은 아니고, SVD용으로 7N1이라는 매치그레이드탄이 1966년에 개발되었다. 이 탄약의 포장에는 식별을 위해 '스나이퍼용'(For Sniper: Снайперская)라고 표기되어 있다. 이후 관통력을 높이기 위해 탄심을 강화한 7N14가 1999년 개발되어, 서방측의 방탄용품은 바로 이 7N14를 막을 수 있느냐를 기준으로 등급이 매겨진다.
이라크/아프가니스탄에서의 대테러전쟁에서는 이 7N14를 소유한 인물을 적발, 심문하는 일도 있었다. 조직적 입수경로를 통하지 않고는 아무나 구할 수 없는 것으로, 미군을 저격할 목적을 갖지 않고는 소지할 가능성이 적기 때문이다.

◆7.62×54mmR을 쏘아보다

SVD는 시험사격정도 해 본 정도이지만, 같은 탄을 쓰는 소련제 모신나강 1891/30을 한 자루 사적으로 구입하여 많은 양의 사격을 경험해 보았다. 이유는 극히 개인적인 것으로, 존경하는 핀란드의 저격병 시모 해위해가 사용하던 기종이기 때문이다(굳이 따지자면 해위해가 사용한 것은 핀란드 생산버전).
사용해 본 느낌은 옆바람의 영향을 거의 받지 않으면서도 상당히 위력이 강하다는 것이다. 언젠가 200m정도 떨어진 2m 정도 크기의 바위를 맞췄더니 강한 불꽃이 크게 튀었고, 이게 재미있어서 2~30발을 쏘아댔더니 이 바위가 두쪽으로 쪼개져버렸다. 5.56mm탄 가지고는 불가능한 일이다.
더욱 중요한 정밀도를 논해보자. 스나이퍼에는 미치지 못하는 지정사수레벨인 필자의 사격솜씨로 구식인 모신나강에 넣고 쏜 것이라는 점을 고려해도, 실전에서 인체크기의 목표물을 맞출 수 있는 거리는 600m가 한계일 것이다. 일반 보병 수준의 사수일 경우 300~400m나 될까 싶다. 물론 소련군의 정규 저격교육을 받은 사람이라면 800~1000m까지도 가능할 지도 모르겠다. 마주칠 일은 거의 없겠으나, 이러한 인원을 적으로 마주친다고 하는 불운한 일이 있다면 최악을 각오할 수밖에 없을 것이다.

◆지정사수와 스나이퍼

이제까지의 내용에서 지정사수(Designated Marksman)이라는 단어를 사용하고 있는데, 이 지정사수와 스나이퍼의 차이점을 해설해 두자.
지정사수는 부대내 인원 가운데 사격에 뛰어난 병사를 선발, 일반 소총보다 성능이 좋은 지정사수소총(DMR: Designated Marksman Rifle)을 지급하여 최대 600~800m 거리에서 수행되는 소속 부대의 중장거리 전투를 지원하는 임무를 부여한다. 적은 인원으로 구성된 별도의 팀으로 정찰임무를 동시에 수행하는 스나이퍼와는 달리, 부대와 일반적인 전투행동을 함께하는 일반보병 가운데 사격능력이 높은 인원이라 보면 되겠다.

◆뛰어난 레티클을 가진 PSO-1 스코프

SVD와 세트를 이루는 PSO-1 스코프는 총기 리시버 측면에 고정된다. 개인적 견해이기는 해도 스코프에 설치된 수많은 레티클(조준망선) 가운데 이 PSO-1의 것을 가장 사용하기 편한 것으로 평가한다.

냉전기간을 통해 소련은 공산주의세력의 확장을 위해 동구권 국가 및 제3세계 나라들에게 경제원조의 명목으로 무기를 공여하고 있었다. 하지만 당시 이들 국가의 교육수준은 결코 높지 않아 글을 읽지 못하는 병사들도 적지 않은 상황. 이러한 인원이 밀계산(기초편 94P 참조)같은 걸 할 수 있을 리가 없기 때문에 최대한 알기쉬운 레티클이 필요했다.

이 PSO-1의 사용법을 설명하면 아래와 같다. 우선 아래쪽 왼편의 반으로 자른 나팔 같은 그림이 간이거리계이다. 이것은 평균적인 사람 크기 170cm에 맞춘 눈금으로, 예를 들어 서있는 사람이 '2' 의 눈금에 꼭 맞는 크기로 보인다면 상대와 거리가 200m라는 의미이다. 이정도로 단순한 거리측정기는 또 없을 것이다.

목표까지의 거리를 알았다면 탄도보정기구(BDC: Bullet Drop Compensator)를 겸한 엘리베이션 납(knob: 다이얼)을 조정한다. 기초편 98페이지에서 설명했듯 포물선을 그리며 날아가는 탄환을 목표에 명중시키기 위해서는 거리에 따라 조준점을 위아래로 조정할 필요가 있다. 납에는 1~10까지 눈금이 새겨져 있고, 각 눈금은 100m단위(신형은 50m단위)를 의미하는 바 100~1000m 사이의 구간에 맞도록 할 수 있다. 최초 판단한 목표까지의 거리에 맞도록 납의 눈금을 맞추면 된다.

필자는 실전에서의 경험을 통해 전투는 개시도 종료도 순식간에 벌어지는 것이라는

(사진 : 笹川英夫)

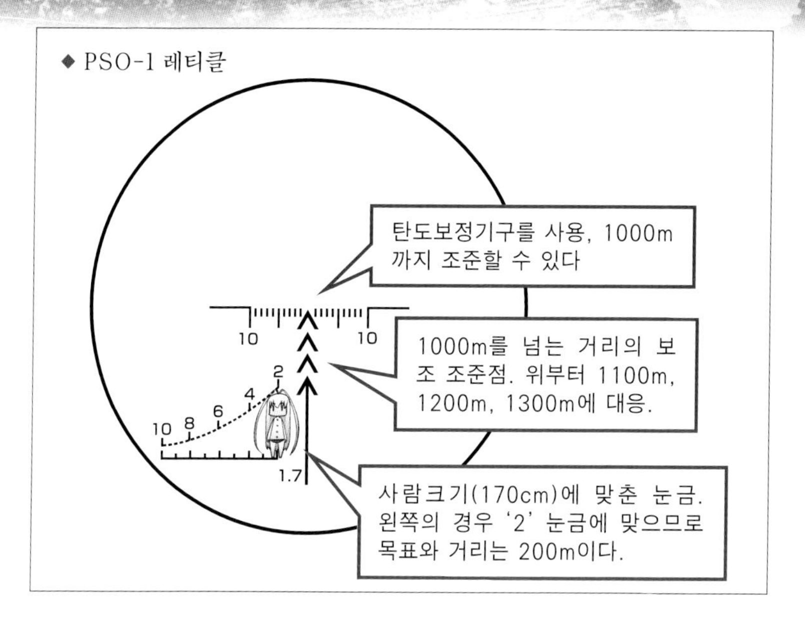

점을 이해하고 있다. PSO-1 스코프의 조정은 대단히 투박하지만 순간을 겨루는 실전 상황에서는 이와같이 철저하게 간략화된 시스템이 효과적이라고 본다.
가운데의 꺾쇠모양의 윗쪽 꼭지점이 조준점이고, 그 아래의 3개의 꺾쇠는 장거리사격용 보조조준점이다. 앞의 방법으로 1000m에 납을 맞추었을 때 각각 1100m, 1200m, 1300m의 탄착점을 표시한다. 이 거리에서 정밀한 저격을 기대할 수는 없겠으나 제압사격의 효과는 충분히 기대할 수 있겠다.

◆밀 스케일에 의해 정확한 계산도 가능

좌우로 1mm 간격으로 늘어선 눈금은 밀 스케일(눈금)을 표시한다. 서방측 밀 도트 레티클과 같이 정확한 계산이 가능하다(밀 도트 레티클의 사용법은 기초편 94페이지 참조).
아마도 소련군의 저격교육과정에는 이 밀을 활용한 정밀사격훈련이 포함되어 있었을 것이다. 뛰어난 저격교관이 지휘하는 가운데 사격의 경험을 쌓음으로서 단순한 레티클의 기능을 더욱 상세하게 파악하여 정밀한 사격이 가능하도록 하였을 것이다.
PSO-1의 레티클은 앞에서 말했듯 초보적인 훈련만을 받은 제3세계 인원도, 밀스케일을 따질 수 있도록 제대로 훈련받은 숙련된 정예병력도 다룰 수 있도록 만들어진 것이라 하겠다.

현대 러시아군의 저격총

해설 : CRS@VDV (러시아군 평론가)

◆SVD 드라구노프가 퇴역!?

SVD는 소련 및 러시아가 오랫동안 애용하던 총이지만 2011년 이 총이 퇴역했다는 정보가 나온 일이 있다. 결국 이것은 흐지부지되어 여전히 러시아군이 잘만 사용하고 있는데, 어쩌다가 이런 설이 흘러나왔을까?
이 배경에는 크게 두가지 이유가 있었다.
우선 실전의 현장에서 SVD 이상의 성능을 요구하게 되었다는 점이다. 최근 미국이나 유럽 등지에서 1000m나 1500m 이상의 저격이 가능한 신형저격총(.338 라푸아 및 .300 윈체스터 매그넘을 사용하는 기종)이 등장하고, 러시아측에서도 이러한 동향은 파악하고 있었다. 이에 대해 AK47을 보완하는 지정사수화기로서의 성격을 갖는 SVD는 그와 같은 장거리사격이 불가능하여 러시아 군 내에서 신형 저격총의 도입을 필요로 하는 의견이 커졌다는 점이다.
또 하나는 러시아군의 병기조달방침이 크게 변경된 점이다. 러시아군은 국산무기를 채용 및 조달해 왔지만 메이커의 납기지연과 가격상승이 연달았을 뿐더러 성능면에서도 서방측에 뒤떨어진다는 불만이 높아갔다. 이러한 의견에 기초하여, 세르듀코프 (당시)국방부장관은 국산무기만을 조달하던 정책에서 해외산의 도입을 확대하는 노선을 취했다.
이러한 과정을 통해 신형 저격총으로서 오스트리아의 슈타이어 만리허의 볼트액션 저격총 SSG-04와 SSG-08을 도입하여 공수부대 및 산악부대, 특수부대에 지급하게 된다. 군 이외에도 사법기관에 속한 대테러부대에도 외국제 저격총이 여러 종류 도입된 사실이 확인되어 러시아가 자랑하던 총기산업에 적지않은 충격을 주었다.

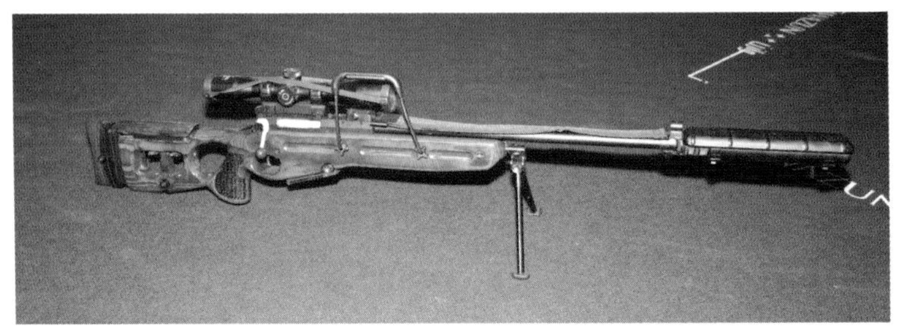

◆ SV98　　(사진 : 笹川英夫)

◆러시아산 볼트액션 저격총

러시아에서도 볼트액션 저격총이 개발되었다. 1998년 탄생한 SV-98이 그것인데, 러시아군에 채용되긴 했으나 대량으로 납품된 것 같지는 않고, 반쯤 잊혀진 존재가 되어버린 듯 하다. 특수부대 등에서 사용하는 것이 확인되긴 하지만 흔치않고, 시험운용용으로 적은 숫자만 채용된 듯 하다. 굳이 추측해 보자면 채용된 2000년을 전후한 몇 년간 러시아의 재정상황이 좋지 않아 대규모로 도입할 여력이 없었고, 2010년대에 들어와서는 더욱 신형의 저격총이 개발된 데에 따른 것이 아닐까 한다.
한편 최근 주목받고 있는 러시아산 볼트액션 저격총이 Osiris의 T-5000이다. 2012년 헝가리에서 개최된 스나이퍼 월드컵에서 러시아의 대테러특수부대(사법기관)이 사용하여 세계1위의 성적을 거두며 화제가 된 총이다. 이렇게 대테러부대의 높은 신뢰를 얻은 T-5000은 군에서도 시험운용이 개시되었다 한다.
외국산 무기를 도입하는 데 적극적이었던 세르듀코프의 실각과 우크라이나문제로 촉발된 서방국가들과의 정치적 마찰 등이 배경이 되어 러시아는 다시 국산무기를 사용하는 쪽으로 회귀하고 있다.
또한 T-5000의 성공을 본 다른 기업들이 새로이 시장에 참가하는 등 러시아의 정밀라이플업계는 활기를 띠어가고 있다.

◆ Orsis T-5000

공식적으로 러시아에서 이라크로 수출되었다는 정보는 없으나, 이라크 정부군 스나이퍼 여럿이 이를 사용하는 것이 확인되고 있다. (사진 : 미군)

◆SVD의 근대화

러시아군은 스나이퍼를 육성하기 위한 스나이퍼학교를 설치하여 교육을 실시하고 있는데 교육과정에는 SVD가 사용되고 있는 한편 볼트액션 저격총은 사용하고 있는지 확인되고 있지 않다. 슈타이어의 SSG-04/08의 도입 및 T-5000을 시험운용하는 등을 보면 볼트액션 저격총에 대해 일정정도의 흥미를 가지는 한편 SVD가 여전히 유용하다고 판단하는 듯 하다. 한편 장거리사격에 대한 볼트액션 저격총의 필요성은 인지하고 있으며 한정된 예산 안에서 하이 로 믹스(고가/고성능의 무기와 염가/평균성능의 무기를 필요에 맞게 혼용)적 배치가 이루어지고 있는 것으로 추측된다.

SVD 자체도 근대화된 SVDM이 등장하여 군에 대한 세일즈가 이루어지고 있는 듯 하다. SVDM은 PSO-1 스코프를 고정하는 측면레일을 폐지하는 대신 리시버 상면에 피카티니 레일을 설치하여 여러가지 광학조준장치를 사용할 수 있도록 하고 있다. 또한 양각대, 개머리판의 접기 기능, 조절가능한 치크패드, 스토크패드 등을 추가하는 개량이 이루어져 있다. 상세한 것은 확실치 않지만 작동방식도 개선된 것으로 보이며, 아예 별개의 물건이라 할 정도로 변해있을 지도 모른다.

SVD는 앞으로도 일정기간 러시아군의 표준적 저격총으로 계속 사용될 것으로 보인다. 성능면에서 걸작이라 할 정도는 아닐 지 모르나 오랜 기간 동안 사용되어 온 SVD는 역사적인 저격총이라 하겠다.

◆드라구노프 SVDM

SVD 의 근대화 개수모델 . 나무부품 대신 플라스틱이 많이 사용되고 있어 외관상 크게 변한 것처럼 보인다 . 개머리판도 접을 수 있도록 되어 있다 . (사진 : 笹川英夫)

제2장

저격총에 숙달되려면

21세기의 기술의 발전속도는 눈부신 것으로, 내가 대학생이던 1995년 당시 어느 교수가 '2050년에 비하면 1995년의 기술은 1%수준일 것' 이라는 발언을 한 일이 있다. 이 숫자가 정확하냐는 둘째치고, 기술발전의 속도는 일취월장이라는 말도 부족해서 초단위로 따져야 옳다는 느낌마저 든다.
기초편-저격총의 기초지식을 통해 현대 저격총의 가장 기본적인 구성요소를 해설한 바 있으나, 이들 저격총의 시스템도 급속히 발전 및 다양화하고 있다. 이에 저격총을 구성하는 최신 시스템에 있어 빼놓을 수 없는 옵션과 액세서리 등에 대해 따로 다루고자 한다.

illustrated by Prime

저격총을 구성하는 시스템

◆서프레서 (소음기)

서프레서는 현대전에 있어 절대적으로 없어서는 안될 장비이다. 스나이퍼에게 서프레서가 지급되느냐 아니냐에 따라 그 나라의 군대가 일류군대냐 아니냐를 판단할 수 있다 해도 지나치지 않다.

우선 널리 알려진 잘못된 사실로, 서프레서는 소리를 없애는 '소음기(사일렌서)' 라기보다는 소리를 줄이는 '감음기' 라 해야 맞다는 것이다. 서프레서를 장착해도 어느 정도 큰 발사음이 발생하게 된다. 그러면 왜 사용해야 하는가?

이점은 여러가지 있다. 우선 사수의 청력보호를 들 수 있다. 총소리는 인간의 고막이 버틸 수 있는 영역을 훨씬 뛰어넘는 큰 소리이기 때문에 귀마개 등 보호조치가 없이 이 소리에 계속 노출될 경우 청각의 영구적 손상을 초래하게 된다. 이러한 상황이 오래 지속되면 경험이 제법 쌓일 즈음인 20대 후반~30대정도의 나이대에 전투가 불가능할 정도의 난청에 이르게 될 수 있다. 잘 듣지 못하는 병사가 전쟁터에서 무슨 소용이 있으랴. 서프레서는 소리를 완전히 없앨 수는 없더라도 고막이 버틸 만한 소리로 줄여주기 때문에 귀에 대한 부담이 크게 줄어든다.※1 또 귀마개 등이 필요없어지기 때문에 작은 목소리로도 팀원간의 의사소통이 가능해지는 이점도 있다. 또한 당연히 적에게 발견될 확률도 줄어든다.

또한 야간전투에서의 생존성 향상을 들 수 있다. 최근 야간투시경을 많이 사용하고 있긴 하나 이와같은 고가의 장비를 항상 운용하는 곳은 거의 미국과 그 동맹국의 군 및 조직 등 일부에 불과하다. 그렇다면 야간투시경을 보유하지 않는 적은 야간전투에 있어 아군의 위치를 어떻게 파악하여 사격을 가하는가? 바로 아군이 발포할 때 총구에서 발생하는 불꽃(머즐플래쉬)이다. 서프레서는 바로 이 머즐플래쉬를 최소한으로 억제하기 때문에 야간전투에서의 생존성을 대폭 증대시켜준다. ※2

또한 서프레서는 스나이퍼에게 '세컨드 챈스(두 번째 기회)' 를 가지게 해 준다. 불행히도 초탄명중에 실패했을 경우, 서프레서가 없는 상황의 경우 적은 총성이 울린 방향에 대해 경계태세를 취할 것이다. 그러나 서프레서를 사용한 경우, 먼 거리에서는 발포음이 거의 들리지 않으므로 발사된 탄환이 무언가에 맞는 소리에 반응하게 된다. 다시말해 발사방향을 등지게 되며 경계에 있어 순간적 판단이 늦어지게 된다. 이 순간이 스나이퍼에게 두 번째 기회가 된다.

이와같이 서프레서는 백익무해의 장비이다. 자위대는 한정적으로 도입하고 있다고 하는데, 하루라도 빨리 완전도입이 이루어지기 바란다. 서프레서의 주요 제조원은 미국의 슈어파이어, 젬텍, 스위스의 B&T, 핀란드의 Ase Utra 등을 들 수 있다.

※ 1: 난청에 관해 덧붙이자면, 직무로 인한 영구장애로 판정될 경우 국가가 보상을 해 주게 되는데, 개인에게는 큰 금액이 아닐지 몰라도 군 / 정부가 부담할 전체적인 규모는 적지 않게 된다. 중장기적으로는 서프레서의 구입 및 배치가 이 보상의 측면에 있어서도 도움이 될 것이므로 스나이퍼 뿐 아니라 전 병사에게 지급되는 것이 바람직하다.
※ 2. 예산 및 정치적 이유로 서프레서를 구비하지 못할 경우라도 이와같은 총구화염을 줄이는 플래시 하이더 (소염기) 정도는 구비했으면 한다.

파싯!!!

이걸 붙이면 대나무 쪼개지는 소리가 나네요
하지만 귀마개를 안해도 되겠다 싶을 정도로 소리가 작아지지?

총성은 화약의 폭발음과 총알이 초음속으로 비행하는 소리가 섞인 것이다.
서프레서는 화약의 폭발음과 충격을 줄여주지.
?

파싯!!!
총알이 초음속으로 비행하는 소리는 음역이 높고 건조한 소리라서 멀리까지 퍼지지는 않지. 탄착지점 부근에서는 발사음을 알아채기 어렵다구.

◆야간투시경과 열상장비

최근에는 많은 전투가 야간에 이루어지므로 즉 야간투시경(NVG, Night Vision Goggle, 이하 야시경. 고글이 아닌 경우 NVD: Night Vision Device)과 열상장비(Thermal Device)의 활용능력이 있느냐에 따라 전투의 승리를 가늠할 수 있다.
야시경은 미세한 양의 빛을 증폭시켜 영상화하는 것이고, 열상장비는 적외선을 통하여 온도차를 감지, 영상화하는 것이다. 각각 장단점이 있으므로 상황에 따라 알맞게 사용할 필요가 있다. 또한 이들을 묶어 사용할 수 있도록 한 최신형 하이브리드모델도 나와있다. 내가 아프가니스탄에서 감시임무에 임할 때는 위의 두가지 장비들과 육안을 돌아가며 사용했다. 위 장비들을 오래 사용하는 것은 눈에 부담이 가기 때문에 휴식의 목적을 겸하여 육안을 사용하였다.
이전에는 PVS-14 야시경을 스코프 뒤(접안렌즈쪽)에 설치하는 방법을 사용했지만 스코프의 레티클 광량조정문제와 스코프의 촛점거리 등의 문제때문에 현재는 스코프 앞쪽(대물렌즈쪽)에 설치하도록 하고 있다.
현재 대표적인 제품을 들자면 야시경은 AN/PVS-22, 24, 27의 3종, 열상장비는 FLIR T-50, T-75, LWTS 등이 있다. 2000년대 전반 아프가니스탄에서 사용하던 열상장비는 대형인데다 스위치를 켜도 영상이 들어오기까지 몇분이나 걸리던 물건이었지만 위에서 말한 최근의 장비는 소형화된데다가 센서의 냉각기능이 향상되어 단 몇 초만에 기능을 발휘하고 있다.

◆IR(적외선)레이저

야투경과 열상장비와 동시에 사용하면 효과적인 장비가, 육안으로는 보이지 않으면서 이들 장비를 통해 볼수 있는 IR레이저를 발사하는 표적지시기(레이저사이트)다. 개인적 경험으로, PEQ-2형 레이저가 탑재된 M4소총을 지향사격자세로 사격, 250m 거리의 인간형 표적에 명중시킨 일이 있다.
또한 조준 이외에도 커뮤니케이션 도구로도 종종 쓰인다. 예를 들어 아프가니스탄의 산악지대에서 OP(감시반)임무에 임하는 도중 먼 곳의 구릉에 사람의 움직임을 포착했다 치자. 이것을 다른 OP에게 전달할 때, 적외선레이저로 적을 비추면서 이를 무선으로 알리면 야투경 등 장비를 사용하는 다른 사용자가 정확한 위치를 확인할 수 있다. IR레이저는 출력이 강하여 몇km 이상 떨어진 곳도 비출 수 있다. (역자주: 최근에는 레이저를 단순한 점이 아닌 동그라미, 네모, 세모, 별모양 등으로도 할 수 있다. " 당소 위치로부터 010방향 2km 부근 지점에 네모모양 레이저로 표적 지시중인데 귀소측에서도 확인되는지?")
이 장비도 소형 및 고성능화가 이어지고 있다. 현재의 대표적 제품은 LA-5B/PEQ, AN/PEQ-16B, 윌콕스의 랩터, DBAL-12 등이 있다.

◆소형 도트사이트

" 등잔 밑이 어둡다" 고 하지만, 원거리에 촛점을 맞추고 있는 스나이퍼에게 갑자기 가까운 거리의 적과 마주칠 경우가 없으리라는 법이 없다. 가까운 거리에서는 고배율의 고성능 스코프가 오히려 방해가 되어버린다. 이러한 상황에 대처하기 위해 소형 도트사이트를 스코프링 위에 장착하는 스나이퍼가 최근 여럿 보이고 있다.
나는 개인적으로 이 소형 도트사이트를 그다지 좋아하지 않았다. 예전 제품들은 제품 강도가 불안했고, 어딘가 살짝 부딛치기만 해도 부서져버리는 물건들이 많았기 때문이다. 하지만 최근에는 쓸만할 정도로 튼튼하며 고성능인 물건들이 늘고 있다. 추천할 만한 것은 류폴드의 델타포인트, 에임포인트의 T-1, 트리지콘의 RMR 등이다.

◆슬링(멜빵)

슬링(멜빵)은 무시할 수 없는 장비이다. 제대로 쓰면 스나이퍼에게 매우 유용하다.
저격은 언제나 안정된 바닥에서 할 수 있는 것이 아니다. 당연히 엎드려쏴 자세가 가장 안정된 것이지만 상황에 따라 불안정한 자세에서 발포해야만 할 경우도 당연히 있다. 이런 때 슬링을 사용해서 총을 안정시킬 수 있다. 또한 이동시에 슬링이 있다면 총을 안전하게 운반할 수 있다. 사다리 등을 이용해야 할 경우 등에도 민감한 정밀기계인 총을 바닥에 떨굴 염려가 없게 된다.
일반적인 2점식 슬링※3이라도 상관없지만, 최근엔 스나이퍼가 사용하기 편하도록 고안된 제품도 나오고 있다.

스코프 앞에 NVD(AN/PVS-22)가 고정되어 있다. 최근의 저격총은 이러한 기기를 탑재할 수 있도록 총열 윗면에도 추가적인 레일마운트를 설치하고 있다(물론 총열 자체와는 접촉하지 않는다). 또한 스코프 위에 달린 네모난 상자가 IR 레이저(윌콕스 랩터)이다.

(사진 : 飯柴智亮)

내가 주목하는 제품이 바이킹 택틱스 등에서 발매하는 커프 슬링 제품군이다.
커프(손목)이라는 이름에서 보듯 손목을 넣도록 된 고리모양의 끈이 달린 슬링인데, 60페이지의 일러스트를 보면 왼손과 총 앞쪽을 잇는 슬링이 힘을 받아 팽팽해진 상태임을 알 수 있다. 이와같이 슬링을 통해 총을 잡아당기는 장력을 가하여 총을 안정시킬 수 있다.
굳이 커프슬링이 없더라도 슬링을 응용한 자세는 스나이퍼에게 중요하다. 다음장에서 설명하는 사격자세 가운데 슬링을 활용하는 것이 있으니 참조하기 바란다.

위와 같이 현대의 저격총에 있어 빼놓을 수 없는 부가장치를 소개하였다. 덧붙이자면 앞서 말한 바와 같이 눈부시게 발전하는 기술과 각 메이커의 노력에 따라 차례로 새로운 상품이 선보이고 있는 바 앞으로도 저격의 하드웨어적 발전은 계속될 것이다.

※ 3 : 총의 앞쪽과 뒷쪽 두군데에 슬링이 고정되는 형식

스코프 링에 고정된 소형 도트사이트 에임포인트 T-1. 스코프위의 납 (다이얼) 을 피해 비스듬히 설치되어 있다 . 갑작스레 가까운 거리의 적과 대면할 경우 이를 사용해 조준하여 전투에 임한다 .
(사진 : 飯柴智亮)

사격자세

◆5가지 사격자세

총의 명중률을 높이기 위해 가장 중요한 과제가 안정된 사격자세이다. 스나이퍼에게는 가용한 자원을 최대한 응용하여 임기응변적으로 현장에 가장 알맞은 자세를 취하는 능력이 요구된다. 아래에 기본적인 다섯가지 사격자세에 대해 설명하고자 한다. 오른손잡이를 기준으로 하는 것을 양해하기 바란다.

(1) Prone supported position - 의탁 엎드려쏴

땅에 엎드린 사격자세로, 당연히 가장 안정된 자세이다. 엎드린 상태로 무게중심을 단전(배꼽 아래쯤)에 두고, 양 발끝을 좌우로 벌려 지면에 밀착시킨다. 몸에 가해지는 긴장도를 최소화하는 동시에 가장 낮은 자세를 취할 수 있다.
지지대로 삼을 양각대나 빈백(모래주머니), 버트백 등 위에 총몸 앞단을 올려 안정시킨다. 단, 총열은 아무것도 닿아선 안된다(기초편 20페이지 참고). 왼손은 오른쪽 겨드랑이정도 위치하게 될 개머리판의 뒷부분(슬링 연결부분 근처)를 대거나 스토크를 받치는 빈백 혹은 모노포드를 붙잡는다. 오른쪽 겨드랑이는 가능한 조인 상태로 한다. 몸과 총열을 가급적 동일선상에 놓도록 하고, 비스듬히 놓이지 않도록 한다. 이렇게 함으로서 정면(적측)으로부터 볼 때 노출이 가장 적고, 사격시의 반동도 흡수하기 좋게 된다.

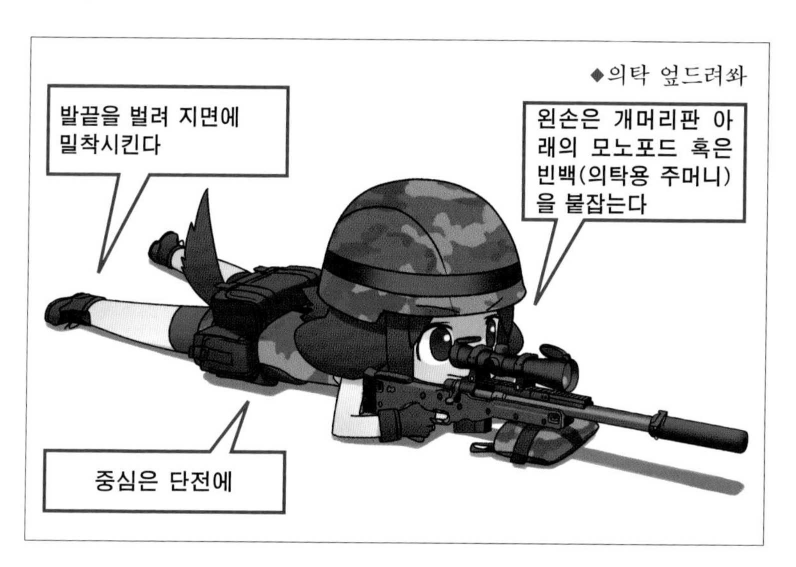

(2) Prone unsupported position - 무의탁 엎드려쏴

총을 무언가에 받칠 수 없거나 혹은 사수가 이를 원치 않는 상황에 사용하는 자세. 명중률은 의탁사격만 못하지만 총구를 좌우로 이동하기 편하다는 이점이 있다. 개머리판은 어깨와 가슴근육 사이의 움푹한 곳에 대고, 양 팔꿈치를 땅에 댄 상태로 총을 잡아 양손으로 총을 어깨쪽으로 끌어당겨 확실히 고정하도록 한다.

왼팔로 총의 앞쪽을 받치는 형태가 되는데, 이 때 엄지와 검지 사이의 V자모양 사이에 총을 올려놓는 것이 가장 효과적이다.

(3) Kneeling unsupported position - 무의탁 무릎쏴

시야에 적 인원 혹은 비전투인원(적도 아군도 아닌, 현지의 민간인 등)이 포착되어 일정정도 서둘러 몸을 숨기며 사격자세를 취할때 사용한다. 몸은 목표에 대해 45도 각도를 취하며 왼쪽 무릎을 세운다. 오른쪽 무릎부터 정강이와 발끝까지 땅에 밀착시킨 뒤 그 위에 몸무게를 싣는다. 왼팔은 왼쪽 무릎 위에 두고 총을 이두박근 위에 올려 안정시킨다. 왼손은 오른팔을 가볍게 감싸쥐면 될 것이다.

가능하다면 벽이나 나무 등 안정된 물체에 몸을 기대어 더욱 안정된 자세로 높은 명중률을 얻을 수 있겠다.

(4) Kneeling, sling supported position - 슬링을 사용하는 무릎쏴

멜빵(슬링)을 사용해서 무릎쏴 자세를 안정시킨다. 목표를 거의 정면으로 바라보는 각도에서, 왼쪽 무릎을 세우고 오른 무릎을 땅에 댄다. 이 때 온 체중을 실어 주저앉기보다는 오른발 위에 몸을 얹는다는 느낌정도로 한다. 길이를 조정한 슬링을 왼팔에 감아 총을 잡아당기는 장력을 가함으로서 총을 안정시킨다.

왼쪽 팔꿈치를 왼쪽 무릎 위에 두어 총을 받친다. 이때 팔꿈치 꼭지점이 아닌 삼두박근 끝단쯤 되는 곳을 무릎과 밀착시키면 더욱 안정된 자세가 된다.

(5) Standing supported position - 의탁 서서쏴

두 다리로 선 상태로 무언가의 사물에 총을 의탁하는 사격자세로, 앞에서 소개한 자세들보다 안정성이 떨어지는 자세이다. 또한 상체의 위치가 높으므로 적에게 노출 및 발견되기 쉽다. 특별한 이유가 있어서 다른자세를 취할 수 없거나 이 이외의 선택지가 없을 경우에만 사용하게 된다.

벽면의 윗단 등 수평적인 물체에 의탁하는 수평지지(Horizontal supported) 자세는 총을 안정시키기에는 좋으나 사수의 머리가 마치 선반 위에 놓인 수박을 연상시킬 정도로 노출되어 매우 위험하다. 이에 반해 벽면의 옆면 등 수직적인 물체에 의탁하는 수직지지 (Vertical supported) 자세는 다소나마 안전하다 하겠다.

수직지지자세는 왼팔을 뻗어 왼손을 엄폐물에 대고 엄지와 검지 사이의 V자모양 안에 총의 앞부분을 의탁한다. 오른팔은 팔꿈치를 가능한 한 옆구리에 붙여 수직이 되도록 하면 적에 대한 노출을 최대한 억제할 수 있을 것이다.

또한 최근엔 전용 삼각대(트라이포드)를 사용하는 방법이 유행하고 있고, 특히 해병대의 스카웃 스나이퍼(정찰저격병)가 이를 애용하고 있다. 이 경우 사격자세보다는 아군 및 동맹군이 통제하는 지역에서의 장시간 감시임무를 위한 자세라 보아야 할 것이다. 삼각대의 사용에 대해서는 뒤에서 설명하겠다.

◆의탁 서서쏴

수평면에 총을 의탁하면 총은 안정되나 머리가 노출되기 쉬우므로 주의해야 한다.

수직면은 수평면에 비해 안정성이 떨어지나 노출을 최대한 억제할 수 있다.

얼핏보기에 멋있어보이는 자세지만 총이 전혀 안정되어 있지 않다. 왼팔을 뻗은 상태에서는 팔근육의 힘만으로 총을 떠받쳐야한다. 또 비틀려있는 상체는 안정과 거리가 멀다. 저격총을 조준하려면 근육에만 의지하지 말고 오랜 시간동안 유지할 수 있는 자세를 취해야만 한다.

◆중요한 것은 "총을 안정시키는"것

이상의 다섯가지는 육군의 저격교본에 수록된 대표적인 사격자세이나 이것이 전부는 아니다. 앞에서 말했듯 스나이퍼는 임기응변에 따라 사격자세를 취할 수 있어야 한다. 또한 어떤 자세라도 중요한 것은 어떻게 총을 안정시키느냐이다.
이를 위해서는 무언가에 의탁하는 것이 중요하다. 나무나 흙더미, 바위 등의 자연물, 건물의 일부나 가구 등의 인공물, 휴대하던 백팩, 자신의 몸(오른손잡이라면 왼팔) 등, 사용할 수 있는 것은 무엇이든 이용하여 무리한 힘을 주지 않는 자세를 취해야 한다. 총구가 아주 약간만 흔들려도 몇백미터가 넘는 거리에서는 탄착지점이 몇십cm나 달라지기 때문이다.

삼각대를 사용한 사격자세

◆시가지에서의 대테러전투에서 요구된 전술

2000년대에 벌어진 이라크전에서는 팔루자, 바그다드, 모술 등 시가지에서 많은 전투가 발생했다. 그 가운데에서도 미군이 통제하는 지역 내에서 신출귀몰하며 습격 및 파괴행위를 벌이는 적대세력(‘인서전트 Insurgent’, 즉 테러리스트 혹 게릴라)에 대응하기 위한 감시/경계임무가 스나이퍼에게 부여되었고, 야외에서와는 다른 장비와 사격자세를 취할 필요가 생겼다. 엄밀하게 말하자면 사격자세라기보다는 감시 및 경계자세라고 하는 편이 적절하겠다.
OP/LP(스나이퍼의 감시거점)는 특정한 경계대상구간을 둘러볼 수 있는 위치의 건물 내부에 설치된다. 밖에서 발견되지 않도록 창문을 사이에 두고 감시활동을 벌이게 되는데, 일반적으로 허리보다 높은위치에 창문이 위치하기 때문에 가장 안정적인 엎드려쏴 자세를 취할 수가 없는 상황이 되었다. 이에 높은 위치에서 총을 안정시킬 수 있는 카메라용 삼각대를 사용하는 자세가 유행하게 되었다.

◆삼각대의 사용법

기본적으로는 서있는 사수가 사용하기에 적절하도록 높이를 조절한 삼각대 위에 카메라용 나사구멍이 뚫린 바이스같은 도구인 HOG새들(새들은 안장이라는 뜻)을 장착하여 총을 물리게 한다. 이 때 왼손으로는 삼각대의 다리를 붙잡아 안정시킨다. 감시가 오랜 시간동안 이어지는 경우나 창문의 높이가 낮을 경우 사수는 의자 등에 앉고 여기에 맞도록 삼각대의 높이를 조절하여 몸에 부담을 줄이는 동시에 자세를 유지하기 쉽도록 하기도 한다.
또한 다음 페이지의 사진에서 보듯 SS 루프홀 슬링이라고 하는 특수한 슬링을 사용하여 반동을 억제, 더욱 안정된 자세를 유지할 수도 있다. 이러한 것을 사용하는 사격스타일은 육군보다는 해병대의 스카웃 스나이퍼(정찰저격병)에 더욱 널리 보급되어 있다는 점은 이 ‘SS’ 라는 이름이 ‘스카웃 스나이퍼’ 의 앞글자를 딴 것이라는 점에서 쉽게 알 수 있다.

◆삼각대 키트의 구성

해병대의 스카웃 스나이퍼에게 지급되는 삼각대키트를 알아보자. 구성물은 민수용인 맨프로토제 카메라용 삼각대와 총을 고정할 HOG새들, 이들을 수납할 전용 케이스로 구성된다. 총기의 각도를 조절하는 삼각대 헤드는 필요할 경우 사용자가 자비로 카메라용 제품을 구입하여 사용하는 듯 하다. HOG새들은 라이플 이외에도 스포팅 스코프나 쌍안경 등을 물릴 수 있는 등 쓰임새가 많아 현대의 스나이퍼에 없어서는 안될 아이템이 되어가고 있다.

HOG 새들과 삼각대를 활용하여 사격하는 미 해병대 스카웃 스나이퍼 (정찰저격병). 총몸의 앞부분을 물고있는 네모난 부품이 호그새들이다 . 반동을 억제하기 위해 왼손으로 삼각대를 잡고 있는 것을 볼 수 있다 . 또한 삼각대는 사격의 반동을 받아내기 위해 적측을 향해 꼭지점을 , 사수를 향해 밑변을 두는 정삼각형을 그리는 형태로 설치된다 . 총몸 앞쪽에 연결된 SS 루프홀 슬링이 삼각대를 거쳐 사수 허리의 벨트에 연결된 것도 확인할 수 있다 . (사진 : 笹川英夫)

해병대에 지급되는 삼각대 키트가 우수한 시스템인 것은 분명하나 원래 카메라를 얹도록 되어 있는 민수용 제품에 사용상 불만을 갖는 사수도 적지 않아 보인다. 이에 여러 테스트와 실험을 반복하여 2017년 현재 시점에서 최고라고 생각할 만한 조합을 아래와 같이 소개한다.

◆**삼각대**: 노르웨이군 특수부대 스나이퍼 출신의 인물이 설립한 MCD(Mission Critical Design)에서 발매한 PRST(Precision Rifle Shooter Tripod)는 그 이름대로 저격용으로 설계 및 개발된 삼각대이다. 이는 카메라용과 비교해서 여러 장점을 가지는데, 우선 다리가 훨씬 넓게 벌어지며 중앙의 센터폴이 낮은 자세에서도 땅에 닿지 않도록 되어 있고, 다리도 2cm이상의 두께로 무거운 라이플도 튼튼히 받칠 수 있다. 또한 연약지반 및 눈 위에서 운용할 수 있도록 다리 끝에 스파이크를 장치할 수도 있고, 재질은 표면이 세라코트 처리된 카본파이버로 가벼우면서도 강도가 높아 20kg까지의 무게를 견딜 수 있다. 이러한 PRST는 이미 서구의 여러 특수부대가 도입하여 높은 평가를 받고 있으나, 어느 부대가 도입하고 있는지는 회사의 방침에 따라 공개하지 않고 있다.
◆**헤드**: 고품질 헤드를 생산하는 일본의 정밀기기 메이커 프로스파인과 필자가 공동으로 개발한 제품이 있다. 이전까지의 볼헤드는 무거운 라이플의 무게와 반동을 이기지 못하고 파손되거나, 특히 나사를 풀 때 꽉 물려있던 볼이 풀리면서 큰 소리를 내는 경우도 있었다. 이에 볼의 접촉면을 넓히는 한편 나사를 풀 때에도 유압 댐퍼처럼 부드럽고 천천히 움직여 소리를 내지 않도록 하였다.

삼각대 다리의 길이를 조절하면 여러 높이에 대응할 수 있다. 이러한 편리성을 위해 호그새들과 삼각대를 사용하고 있다. (사진 : 미 해병대)

3 개의 막대를 사진처럼 나일론 끈으로 묶으면 삼각대 대용품이 된다 . 이런 임기응변의 기술도 스나이퍼에게 필요하다 . 또한 막대와 총 사이에 부드러운 것 (사진은 돌돌 말은 모자) 를 끼워 안정성을 높이는 것도 가능하다 . (사진 : 笹川英夫)

이 삼각대와 헤드 사이에 HOG새들을 탑재해 현재 보급되어 있는 US Tactical Supply사의 스캐버드(운반 가방)에 분해하지 않고 수납할 수 있다. 사수는 스캐버드에서 꺼낸 삼각대를 펼치기만 하면 몇초 안에 사격 플랫폼을 완성할 수 있다. 가격이 싸지는 않지만(고정밀 헤드가 매우 비싸다) 스나이퍼가 고를 수 있는 옵션 중 하나로 참고하시기 바란다.

◆퇴역 스나이퍼가 개발

HOG새들을 개발한 것은 해병대 퇴역 스카웃 스나이퍼인 조슈아 스태블러이다. 그는 현역 시절에 이라크에 파병된 와중에 HOG새들의 원형이 되는 시제품을 직접 만들어 삼각대와 함께 사용했다. 이 아이디어를 제대한 뒤에 제품화한 것이다.
실전 경험이 새로운 상품을 낳은 셈인데, 스태블러뿐 아니라 정예부대나 특수부대 대원들은 퇴역한 뒤 장비품 개발에 뛰어드는 사람이 많다. 우수한 군인은 임기응변의 발상력이 뛰어나므로 이런 유연한 발상을 토대로 물건을 생각해 내고 개발하는 것이 가능한 듯 하다.

사격시의 주의사항

◆파지법과 방아쇠를 당기는 법

여기서는 저격총을 실제로 사격할 때 사격 전, 사격중, 사격 후에 주의할 점을 설명하겠다. 편의를 위해 M24SWS를 사용하는 것을 전제로 하여 설명하도록 하겠으며, 여타 기종의 경우 약간의 차이점이 있을 수 있음을 감안하기 바란다.

우선 총을 쥐는 파지법과 방아쇠 당기는 법을 알아보자. 기본은 보병용 소총과 거의 같지만 좀 다른 점이 있다. 우선 엄지손가락은 총 둘레를 감아 꽉 감싸쥐는 것이 아닌, 총몸 옆에 힘을 가하지 않은 채 가져다 댄 자세를 취한다. 총에 쓸데없는 힘을 가하면 총 전체에 진동이 전해져 사격 정밀도에 영향이 가기 때문이다. 저격총을 조준할 때는 온 몸을 사용해 총을 받치고, 손이나 팔에 불필요한 힘이 들어가지 않게 한다.

다음으로 검지손가락은 손가락 끝 첫번째 관절보다 살짝 위, 즉 지문의 '소용돌이' 중심부와 관절 사이쯤이 방아쇠에 닿도록 하여 총열과 일직선을 이루는 방향으로 방아쇠를 당긴다. 이 방향이 왼쪽이나 오른쪽으로 쏠려도 사격의 결과에 영향을 미치게 된다. 미군의 스나이퍼 스쿨을 수료한 사람은 물론, 일반 보병의 경우라도 총열 위에 동전을 올려두고 격발시 이를 떨구지 않도록 하는 훈련인 다임 드릴※1을 통해 익히게 되

빈백은 높이를 미세하게 조절하기 편하다. 붙들고 있는 왼손에 힘을 주어 쥐면 위아래로 팽창해 개머리판이 올라가는 대신 총구가 내려간다. 전용 제품도 있지만, 모래를 채운 양말을 사용하는 스나이퍼도 많다.

는 기본적인 내용이다.

◆안전상태를 파악한다

사격시에 가장 주의하여야 할 점이 안전상태를 파악하는 것이다. 베테랑조차도 안전장치를 풀지 않은 채로 방아쇠를 당기는 일이 있다. 당연히 탄은 발사되지 않는다. 반대로 안전장치를 풀어둔 상태에서 발생하는 오발사고는 말할 것도 없이, 더더욱이 스나이퍼의 경우 이는 치명적인 실수가 된다. 자신의 존재 및 위치를 적에게 알려 임무실패는 물론 최악의 경우 사망에까지 이를 수 있는 것이다.

그렇다면 이러한 실수의 가능성을 최소화하기 위한 방법은 무엇인가? 안전을 최우선으로 한다면 약실을 비워두는 것이 가장 좋으나, 급작스런 상황에서 사격할 수 없다는 단점이 있다. 내가 배운 테크닉을 한가지 소개하자면, 탄을 약실에 장전한 후 안전장치를 풀어둔 채로 장전손잡이를 내리지 않고 두는 것이다. 장전손잡이를 내리지 않으면 발사할 수 없고, 약실에 탄이 있음을 한 눈에 보아 알 수 있다. 또 이를 내리기만 하면 신속하게 사격이 가능하다.

또한 사격때는 조준선(사이트 라인)과 사격선(보어 라인: 총열 축선)을 파악하는 것도 대단히 중요하다. 눈과 조준장치와 표적을 잇는 조준선간 아무 방해물도 없는 상황이라 해도, 총구와 표적을 잇는 사격선도 그렇다는 보장이 없다. 조준선과 사격선 사이에는 위아래로 10cm가량의 간격이 있기 때문에 스코프를 통해 포착한 표적에 대해 발사한 탄이 총구 바로 앞의 벽이나 바위를 때리는 경우가 의외로 대단히 많다. 스코프 안의 상황에만 집중하지 말고 총구부근도 확인하는 습관이 배어야 하겠다.

◆탄피를 어떻게 한다?

실제로 종종 받게 되는 질문으로서 사격후 탄피를 꼭 회수하는가에 대한 것이 있다. 아마도 골고13과 같은 암살자가 증거인멸을 위해서 탄피를 줍는 장면을 접한 경우일 것이다. 개인적으로 알고지내는 암살자가 없으므로 밀리터리 스나이퍼에 대해서만 답하자면 당연히 'NO' 다. 대단히 특수한 사정이 있지 않고서는 저격총의 탄피를 회수할 필요도 없고, 이렇게 하는 사람을 본 일도 없다.

혹시 회수해야 한다면 배출되는 탄피에 신경을 빼앗기게 된다. 이 한순간이 무방비상태에 빠지게 되고, 재사격을 해야 되는 경우에도 시간상 손해를 보게 된다. 자기 목숨이 위험해지는 상황을 감수하며 탄피를 챙길 이유가 없다. 아주 드물게 리로딩※2을 할 목적으로 탄피를 줍는 사람이 있긴 한데, 이는 그다지 권장할 만 하지 않다. 리로딩은 스나이퍼로서 탄약의 구조와 특징을 이해하기 위해 필요한 기술이긴 하겠으나 사격중에 신경을 분산시킬 습관이 몸에 배어서는 절대로 해서는 안된다. 굳이 탄피를 주워야만 하겠다면 사격중에는 신경을 쓰지 않다가 종료후 모아담는 것이 좋겠다.

※ 1 : 미군에서는 10 센트동전 (다임 :Dime) 을 사용해서 이 훈련을 하기 때문에 '다임 드릴' 이라고 한다 .

※ 2 : 다 쓴 탄피에 새로운 뇌관과 추진장약 , 탄두를 끼워 탄을 재생하는 것을 리로딩 (Reloading) 이라 한다 .

제3장

저격에 영향을 주는 요소

공기저항과 편류

총구를 떠난 탄환은 관성의 법칙에 따라 속도와 방향을 유지하며 똑바로 날아가려는 성질을 갖는다. 진공의 무중력상태라면 영원히 앞으로 나아가겠으나, 지구표면 위에서는 수많은 주변상황에 의한 환경적 영향을 받아 여러 방향의 영향을 받는다. 주로 중장거리의 사격을 하게 되는 스나이퍼의 경우 이러한 영향은 사격의 정밀도에 크게 작용한다.

기초편에서는 중력에 의한 탄도의 낙하(드롭), 즉 총열의 축선의 연장선상에서 아래쪽으로 곡선(포물선)을 그리며 날아가는 데에 대해 해설한 바 있다. 실전편에서는 이에 더해 공기저항과 바람, 온도와 습도 등 매 순간 변화하는 여러가지 요소가 탄도에 어떠한 영향을 끼치며 이를 어떻게 수정하는지에 대해 설명하고자 한다.

◆공기저항을 억제하는 탄두형상

먼 거리를 비행하는 소총탄의 탄두는 권총탄과 달리 구경이 작고 앞뒤로 길면서도 충분한 무게를 가지도록 되어 있다. 이것은 공기저항의 영향을 최소화하기 위한 것이고, 이에 더해 총열에 새겨진 강선을 통해 총탄에 회전을 가해 사정거리를 늘리고 탄도가 안정되도록 하고 있다.

◆편류현상

공기저항을 최소화한다고 해도 여전히 무시할 수는 없고, 특히 장거리에서의 사격에서 그 영향이 크게 작용한다. 바로 편류(스핀 드리프트)현상이다.

강선에 의한 회전하는 탄환은 팽이나 자이로에서 보듯 그 회전축의 방향을 원래대로 유지하려는 성질을 가지는 동시에 중력의 영향으로 아래로 서서히 떨어지게 된다. 여기에 총구를 나선 직후부터 공기저항이 탄환의 정면으로부터 작용하므로 낙하하기 시작하는 순간부터 탄두의 중심축선은 탄이 실제로 그리게 되는 탄도에 대해 위로 어긋나는 상태가 되게 된다.

탄두 앞쪽 끝이 위쪽을 향하게 됨에 따라 공기저항은 탄두를 아래쪽에서 위로 밀어올리는 방향으로 작용하게 된다. 이때 공기저항과 탄두의 회전력의 작용에 의해 탄두의 진행방향은 서서히 회전방향으로 쏠리게 된다. 이 힘은 오른쪽으로 회전하는 탄두에게는 사수로부터 볼 때 오른쪽으로, 왼쪽으로 회전하는 것은 왼쪽으로 작용한다. 근거리 및 중거리의 사격에 있어서는 무시해도 될 정도로 영향이 적지만, 장거리 혹은 정밀사격의 경우 무시할 수 없는 요소이다. .308구경 라이플의 경우 약 600m를 넘는 거리에서는 편류의 영향을 고려할 필요가 있을 것이다.

기초편에서 해설한 대로 발사된 탄두는 포물선을 그리며 날아가지. 총구에서 나온 직후에는 총탄의 바로 정면에서 공기저항을 받지만, 중력때문에 낙하하기 시작하면 탄두 아랫쪽에서 위로 밀어올리는 방향으로 작용한단 말야. 보병용 소총처럼 멀지 않은 거리를 사격할 경우 큰 영향은 없겠지만, 장거리의 목표물에 정확하게 사격해야 할 저격에서는 이 영향을 그냥 무시해 버릴 수도 없다는거야.

■ 공기저항의 영향

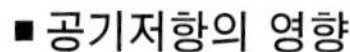

총열축선의 연장선

M40저격총
.308구경/강선 우회전

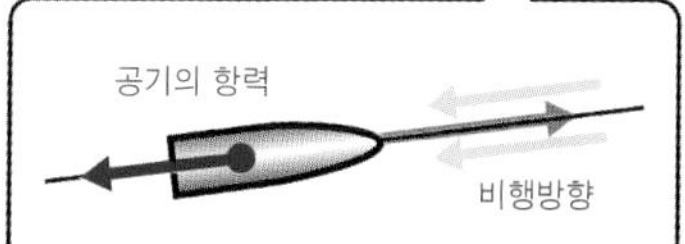

발사된 직후 비행방향과 정반대방향의 공기저항을 받게 된다

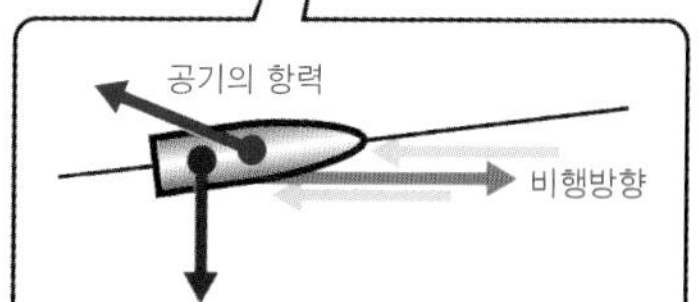

중력의 영향으로 낙하하게 되어도 회전력에 의해 탄환은 원래 자세를 유지하게 된다. 이때문에 공기저항은 아랫쪽에서 윗쪽을 향하게 되어 항력은 중심보다 앞에 윗쪽으로 가해지게 된다.

■ 편류의 발생

위에서 본 탄도

총열축선의 연장선

아래에서 밀어올리는 방향으로 가해지는 공기저항과 탄두의 회전력, 두가지 힘이 작용하여 탄두는 회전방향으로 어긋나간다. 이것이 '편류' 인데, 이에 따른 영향은 .308구경의 경우 300m에서 2cm, 600m에서 12cm나 된다(이 값은 사용하는 탄두와 총의 종류에 따라 달라진다). 스나이퍼는 자신이 사용하는 총기의 특성에 대해 충분히 숙지할 필요가 있다.

공기저항과 탄두의 회전력이 작용하여 탄두는 회전방향쪽으로 어긋나가도록 하는 힘이 발생하는데, 이것이 편류현상이다.

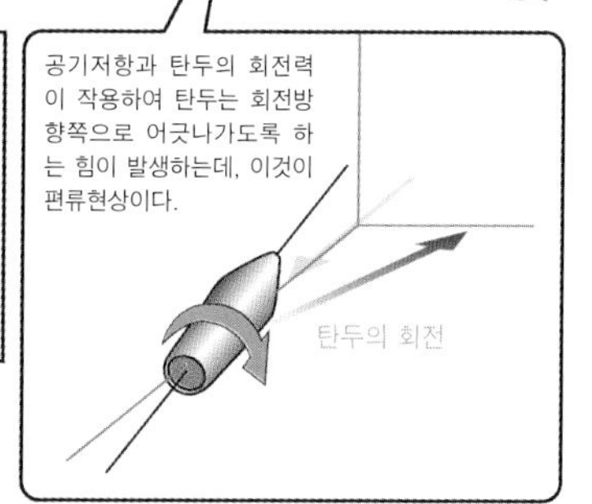

바람의 관측과 수정

◆바람의 영향

바람은 저격에 있어 가장 큰 영향을 주는 요소라 할 수 있다. 거리 200m를 넘는 구간에서 그 영향이 커지게 되는데, 저격은 대부분 이 거리 이상에서 이루어지기 때문에 저격에 있어서 바람의 영향을 무시할 수 있는 경우는 거의 없다. 여기에서는 풍속의 관측 및 이에 대한 수정방법에 대해 설명한다. 또한 풍속의 단위는 mph(시간당 마일)을 사용하도록 하며, 참고로 1mph는 시속 1.6km, 초속 0.447m이다 (초속 1m = 2.24mph).

◆풍속의 측정방법

풍속은 나무나 물체의 움직임, 자연현상에서 읽어낼 수 있다. 훈련중인 경우 사격장의 깃발을 이용하는 것이 가장 간편하다. 깃발과 깃대 사이의 각도를 4로 나누면 대략의 풍속이 된다. 즉 깃발이 60도로 나부끼고 있다면 이를 4로 나눈 숫자 15가 풍속, 즉 15mph로 볼 수 있다.
야전에서 가장 이상적인 관측수단은 지면에서 피어오르는 아지랑이이다. 바람이 없다면 수직으로 올라갈 것이고, 바람이 있다면 그 영향에 따라 각도가 변화한다. 또한 초목의 움직임 등 주변상황을 관찰하여 바람의 방향을 읽을 수도 있다. 군의 교범에도 게재된 대표적인 예를 오른쪽 페이지에 소개한다.

◆풍속에 따른 수정치의 계산

풍속을 알아냈다면 조준을 수정할 수치를 계산해 내도록 하자. 수정값은 아래의 식에 따라 구할 수 있다.

사정거리(100m단위) x 풍속 (mph) / 수정계수 10 = 수정값(MOA)

위와 같은 계산에 따라 수정값(MOA단위)을 구할 수 잇다. 미군의 경우 모든 .308구경탄(M852, M118SB, M118LR)에 대해 수정계수를 10으로 잡고 있다. 더욱 정확한 계산을 위해서는 탄약 및 거리에 의해 이 수정계수가 변해야 하겠지만 간략하게 하나로 하고 있다.※

※수정계수에 대해 조금 더 자세하게 설명하면 M852 탄의 경우 100~200m 거리에서 13, 300~400m 에서 12, 500~600m 에서 11, 700~900m 에서 10, 1000m 에서 9. M118SB 및 LR 탄의 경우 100~300m 거리에서 10, 400~700m 에서 9, 800~1000m 에서 8 이다. 또한 구경이 다른 저격총의 경우에도 같은 공식에 수정계수만 달리한다. 예를 들어 .300 윈체스터 매그넘탄 (190 그레인 BTHP 탄) 의 경우 700~800m 에서 14, 900~1000m 에서 13 이 된다.

초목의 움직임이나 자연현상, 자기 자신의 감각을 통해 풍속을 읽어내자! 아래 표는 관측할 수 있는 현상과 아지랑이의 각도를 표로 정리한 것이다. 스나이퍼는 여러 현상을 체험하며 풍속을 읽는 감각을 기르도록 하자구!

풍속(mph)	관측할 수 있는 현상	아지랑이의 각도
1이하	연기가 똑바로 오르며 수풀의 움직임이 없다	수직
1 ~ 3	연기가 흔들리며 수풀과 나뭇잎이 약간 움직인다	30도 정도
4 ~ 7	바람이 얼굴로 느껴진다. 나뭇잎이 약간 움직인다. 풀이 흔들린다	45도 정도
8 ~ 12	나무의 잔가지가 흔들리며 나뭇잎이 많이 흔들린다. 종이가 날리기 시작한다	수평방향
13 ~ 18	중간정도 가지가 흔들리며 바닥의 종이나 쓰레기가 날린다	
19 ~ 24	큰 가지나 작은 나무가 흔들린다. 모래바람이 분다	

측풍(옆바람)의 수정

※ MOA 및 '밀'에 관해서는 기초편 참조

MOA ?
스코프 눈금은 「밀」 로 돼 있잖아요?
그렇지! 「MOA」를 「밀」로 변환해야지.
계산식 외우고 있지?

1밀 = 3.6MOA 입니다!
1.5MOA÷3.6=0.4ミル
옳거니!

좌측에서 부는 측풍에 대해 0.4밀, 즉 눈금 반 칸 조금 못 되게 왼쪽으로 수정한다
슥

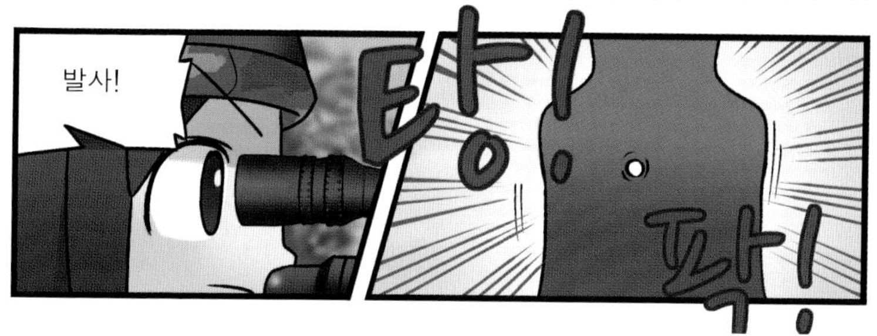
발사!
탕!
팍!

◆풍향에 대한 수정

이상으로 풍속 읽는 법과 좌우방향의 바람에 대한 조준수정에 대해 설명하였다. 그러나 현실의 바람은 좌우방향에서만 불어오라는 법이 없으며, 실제로는 앞뒤좌우 방향을 가리지 않는다. 즉 풍속에 대한 수정값은 풍향에 대해 추가로 수정할 필요가 있다.
아래 그림은 바람의 방향에 따른 수정값을 설명하고 있다. 바람의 각도에 따라 풍속에 아래 계수를 곱한다. 좌우 60도 이내의 범위라면 수정할 필요가 없겠으나 이보다 큰 각도의 경우 1/4~3/4의 수정치를 곱한다.
또한 사수에 대해 앞뒤방향(맞바람 및 뒷바람)의 경우, 좌우편차를 수정할 필요는 없으나 사정거리 600m, 풍속 20mph 이상의 경우 각각 윗쪽과 아랫쪽으로 1MOA만큼 수정해줄 필요가 있다. 뒷바람의 경우 사정거리가 길어지며 착탄점이 상승하고, 맞바람의 경우 사정거리가 짧아지며 착탄점이 하강하기 때문이다.

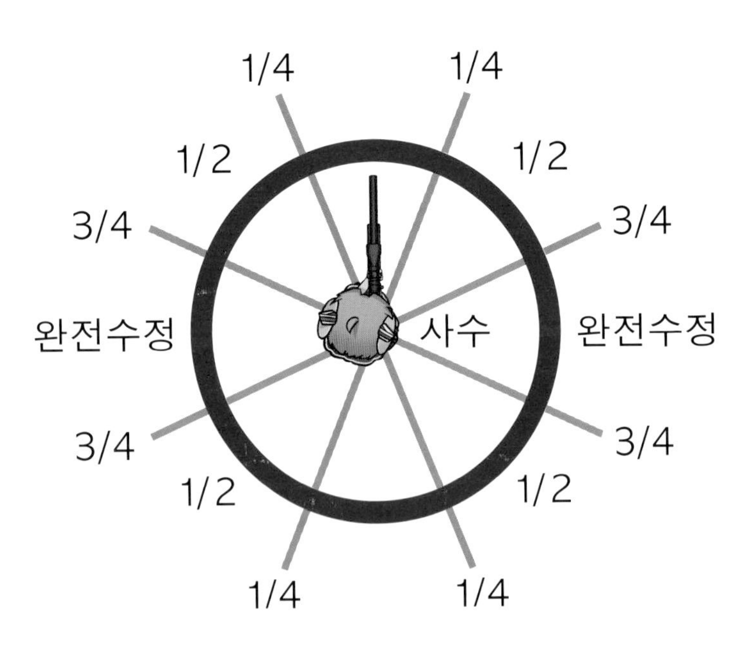

◆크로스윈드

스나이퍼 교관으로부터 들은 이야기로, 1,500m 거리의 표적과의 사이에는 적어도 3가지 바람이 분다고 보아야 한다는 것이 있다. 사수와 표적 사이에 놓인 수백미터가 넘는 공간에서는 여러 종류의 바람이 엇갈리게 마련이다. 영어로 말하는 크로스윈드(Crosswind)가 그것이다.
엇갈려 부는 바람을 뚫고 저격해야 할 경우, 수정값은 각각의 바람에 대한 수정치를 더하거나 뺀 값을 구하면 된다. 예를 들어보자.

〈상황〉 사거리 1000m의 정북쪽 표적에 대해 사격하는 상황. 사격지점 부근에서는 풍속 5mph의 남서풍이, 700m 지점에서는 10mph의 동풍이 교차하는 2개의 크로스윈드가 관측되었다.

(1) 사격지점의 수정: 5mph x 1/2 (풍향에 의한 수정) = 서풍 2.5mph로 계산.
(2) 700m지점의 수정: 동풍 10mph
(3) 서풍 2.5mph와 동풍 10mph 사이의 차이에서 탄환에 대한 영향을 동풍 7.5mph로 계산한다. 정북쪽에 대한 사격이므로 이는 우측으로부터 7.5mph의 옆바람으로 계산한다.

계산식: 10(1000m) x 풍속 7.5mph / 계수 10 = 7.5MOA
7.5MOA / 3.6 = 대략 2밀

위와같이 수정값은 '우로 2밀 수정' 이 된다. 지나치게 대략적인 계산으로 보일 수 있으나 야전에서 해야 하는 것을 고려하면 너무 복잡하면 안될 것이다. 보다 정확하게 하려면 총탄이 비행한 거리에 따라 바람의 영향이 커지는 점, 700m 거리의 풍속 및 풍향의 경우도 엄밀한 값이 아닌 추정치에 불과하다는 점 등을 계산에 넣어야 하겠으나 그럴 만한 여유가 있을 리 없다. 또 엄밀한 풍속과 풍향을 관측할 수 있다 해도 발포할 때까지의 몇초동안 변해버릴 가능성조차 있는 것이 현실이다. 한편 목표를 스코프에 포착하고부터 방아쇠를 당길 때까지, 즉 Calling on Shot의 시간은 한정되어 있다. 한정된 시간내에 최대한의 근사값을 구할 수 있어야 하는 것이다.
바람의 측정 및 수정은 결국 스나이퍼와 스파터의 경험에 의존하는 부분이 크므로, 여러가지 환경을 몸으로 겪어 많은 데이터를 축적해 두는 것이 정확한 사격을 실현하는데 있어 제일 중요하다 하겠다.

기온과 고도

◆공기가 엷어지면 착탄점이 올라간다

이제까지의 해설로 공기저항이 저격에 큰 영향을 미치는 것을 이해할 수 있었으리라 본다. 그렇다면 공기의 밀도 역시 무시할 수 없다는 것 역시 자명해진다. 공기가 엷어지면 저항이 적어지므로 사정거리도 길어지며 착탄점이 올라간다. 공기의 밀도를 변화시키는 요소는 기온과 고도 두 가지를 들 수 있다.

우선 기온에 관해 이야기해 보자. 기온이 올라가면 공기밀도가 낮아지며, 반대의 경우 밀도가 높아진다. 기온이 화씨 20°(섭씨 11.1°)올라가면 300야드(약 274m)에서 1MOA, 700야드(약 640m)에서 1.5MOA, 1,100야드(약 1,006m)에서 2MOA 탄착이 상승한다. 낮과 밤, 날씨의 변화 등에 따른 기온의 변화에 충분한 주의를 기울일 필요가 있다.

이어서 고도에 대해 알아보자. 고도가 높아지면 공기밀도가 낮아지기 때문에 지대가 높아질 수록 사정거리가 길어지게 된다. 해발위치가 5,000피트(약 1524m) 상승할 경우 사거리 600야드에서 착탄점이 1MOA만큼 상승한다. 이런 자료는 탄약 메이커가 공개하고 있는 데이터 및 자기 자신이 그 동안 작성한 기록(로그) 등을 참고하도록 하자(스나이퍼는 사격 경험을 꼼꼼히 기록하는 것이 특히 중요하다).

스나이퍼는 다양한 환경에서 사격을 경험한 뒤 그 데이터를 로그북에 기록한다. 이렇게 경험과 기록을 거듭 쌓아가는 것이 정확한 저격에 매우 중요하다.

높이차가 있는 사격

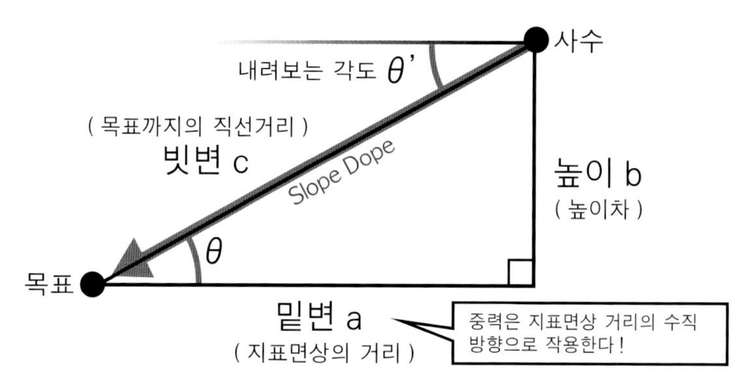

※ 내려보는 각도 θ' = θ (평행선의 엇각)

◆ 사거리와 드롭(낙차) 수정

위 그림은 높이차가 있는 위치에서 목표를 내려다보며 사격하는 경우를 그린 것이다. 사수와 목표의 위치관계는 직각삼각형으로 표현할 수 있다.
사수로부터 목표지점까지의 사거리는 삼각형의 빗변(저격용어로서는 Slope Dope라 한다)으로, 높이차가 클수록(각도가 클수록) 이 거리는 길어지게 된다. 한편 중력의 영향은 지표면상 거리 = 밑변의 길이에 수직방향으로 가해지기 때문에 중력에 의한 탄두의 드롭을 수정하기 위해서는 밑변의 길이를 알 필요가 있다.
직각삼각형의 변의 길이는 삼각함수로 구할 수 있다. 중학교 교육과정을 통해 아래와 같이 배웠을 것이다.

$$\cos\theta = \text{밑변 } a \,/\, \text{빗변 } c$$
$$\text{밑변 } a = \text{빗변 } c \times \cos\theta$$

물론 현장에서 이렇게 복잡한 계산을 해야 하는 상황은 합리적이지 못하다. cosθ(θ는 내려보는 각도)를 구하는 방법은 몇 가지가 있지만 여기서는 A.C.I.(코사인값 표시기, Angle Cosine Indicator)를 사용하는 방법을 해설하도록 한다. 이것은 수평계와 각도계가 합해진 듯한 작은 장치로, 레일마운트 혹은 스코프에 장착할 수 있도록 되어 있다. 내려다보는 각도에 따른 코사인값이 각인되어 있다.

◆A.C.I.(코사인값 표시기, Angle Cosine Indicator)

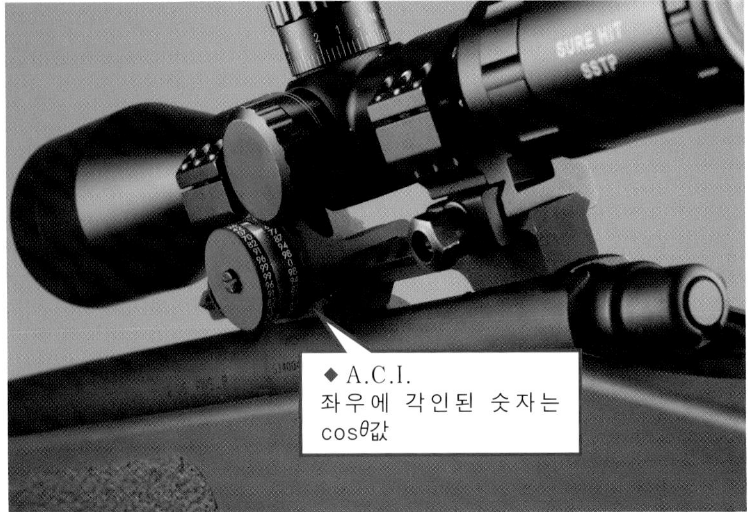

목표를 내려보며 사격하는 스나이퍼 (위 사진). 스코프 아래에 원통형 물체가 보이는데 , 이것이 A.C.I. 다 . cos θ값의 소숫점 아래 두자리 값이 좌우에 교차로 각인되어 있어서 수평계와 연동된 가운데의 붉은 눈금이 가리키는 숫자를 직선거리 (빗변) 에 곱해 지표면상의 거리를 구할 수 있다 .

◆내려다보며 사격

위 일러스트와 같이 언덕 위에 설치한 OP/LP(감시초소)에서 MSR(주 보급로, Main Supply Route)상에 IED(간이폭탄)을 설치하는 테러리스트를 감시하고 있다고 하자. LRF(레이저 거리측정기, Laser Rangefinder)를 사용하여 OP에서 IED 설치지점까지의 거리 850m를 측정하였다. A.C.I.를 확인하니 '87'이라는 값을 가리키고 있었다. 이는 즉 cosθ값이 0.87이라는 뜻이고, 부차적으로 여기서 θ값이 30, 즉 내려다보는 각도가 30도라는 것이 도출된다.

직선거리 850m x 0.87 (cos30) = 지표면상 거리 약 740m

밑변의 길이, 즉 지표면상 거리는 직선거리에 비해 100m 넘게 차이가 나는 740m라는 것을 알 수 있다. 740m 거리에서의 드롭(낙차폭)을 적용하면 될 것이다. 만일 LRF로 측정한 직선거리만을 고려하여 발포했다면 탄환은 목표의 머리 위로 날아가버렸을 것이다.

지구자전의 영향 - 코리올리력

◆지구 자전때문에 탄도가 휜다고?

지구는 서쪽에서 동쪽으로 자전하고 있다. 예를 들어 북극점에서 정남쪽을 향해 물체를 날렸을 경우 이 물체는 관성에 의해 계속 정남쪽을 향해 비행하지만 지구가 동쪽으로 회전하기 때문에 마치 서쪽을 향해 휘어가는 것처럼 보이게 된다. 이와 같이 이동하는 물체에 가해지는 지구 자전의 영향에 의해 운동방향이 변하도록 하는 것을 코리올리력이라고 한다.※1 북반구에서는 오른쪽으로, 남반구에서는 왼쪽으로 작용하며, 날씨 및 해류 등에 큰 영향을 주고 있다. 밀리터리 관련으로도 야포나 함포 등 포술에 있어서 포탄의 명중율에 관련해 고려해야 할 요소이고, 또한 소설이나 영화, 게임 등에서 스나이퍼가 코리올리력을 언급하는 묘사도 간혹 보인다.

◆수정이 과연 필요한가?

이 코리올리력은 저격에 있어서도 영향을 주는가?
결론부터 말하자면 전혀 영향이 없지는 않으나 미군에서는 중요하게 여기고 있지 않다. 일반적인 실전상황의 저격거리는 .308구경의 경우 최대 1,000m 미만이고 .50구경이나 .338구경이라도 1,500m가량이 한계이며 실제로는 이보다 짧은 거리에서 이루어지는 경우가 대다수이다. 몇십km를 오랜 시간동안 날아다닐 포탄과 달리 총알에 작용하는 코리올리력의 영향은 매우 적다. 또한 바람과 공기저항 등에 의한 영향이 매우 크기 때문에 이에 비해 코리올리력은 거의 무시해도 좋을 정도다.※2 다시 말하지만 전투상황의 Calling on shot 시간은 매우 한정되어 있으므로 수정하는 데 고려할 요소는 적을 수록 좋다.

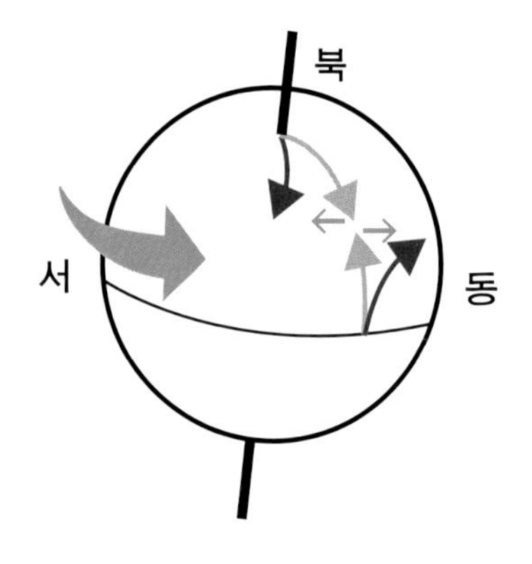

※ 1 : 비행하는 물체 입장에서는 일직선상을 비행할 뿐이지만 지상의 관측자로부터는 무언가의 힘이 작용하는 것처럼 진로가 변화하기 때문에 '코리올리력(力)' 이라 부른다.
※ 2 : 1,000~2,000m 이상의 장거리저격과 같은 경우에는 고려해야 할 필요가 있을 수 있겠으나 이러한 경우는 극히 특수한 경우이다.

[추가설명] 스나이퍼와 스파터는 번갈아 밀을 확인하고 거리를 계산합니다 .

[추가설명] 이 만화는 실제 스나이퍼와 스파터의 대화내용을 기초로 재현한 것이지만 팀에 따라 방법은 다소 달라지는 경우가 있습니다

[추가설명] 초탄의 착탄을 관측, 수정합니다. 이번에는 상하방향도 조준점을 조정해 대처하나 봅니다(홀드오버의 설명은 기초편 참조)

[추가설명] 이 만화는 실제 스나이퍼와 스파터의 대화내용을 기초로 재현한 것이지만 팀에 따라 방법은 다소 다를 수 있습니다

제4장

스나이퍼팀의 전술

스나이퍼 팀의 편성

2장과 3장에서 사격기술을 충분히 배웠나요? 이제부터는 드디어 실전형식으로 스나이퍼의 임무의 흐름을 설명하도록 하죠.

◆스나이퍼의 편성과 인원수

기초편 앞머리에서 해설한 바와 같이 현대의 스나이퍼는 정찰병 역할을 수행한다. 미 육군의 일반 보병대대(경보병대대)에는 대대 본부중대(대대HHC)에 '스카웃 소대(정찰소대)' 가 있고, 그 가운데 '스나이퍼 섹션(반)' 에 스나이퍼가 배치되어 있다(정원 6명). 또한 부대에 따라서는 스카웃 팀이 3개, 각 팀당 스나이퍼 2~3명이 배치되어 있는 경우도 있다.
덧붙여 스카웃 소대에는 소대장을 보좌하는 소대 선임상사※1 혹은 섹션리더/팀 리더(중사)가 스나이퍼 자격을 갖는 경우도 많다(단 이들은 본래의 임무에 종사하게 되며, 실제로 저격임무에 투입되는 경우는 거의 없다).
실전에서 스나이퍼는 어떻게 운용되는지 아래와 같이 구체적인 예를 들어가며 설명하도록 한다.

◆상황 1: 정보수집 및 정찰

우선 가장 일반적인 정찰임무에서의 운용에 대해 설명한다. 스카웃 소대 스나이퍼 섹션으로부터 정보수집 및 정찰을 위해 스나이퍼 2명을 차출하기로 한다.
이번의 정찰임무는 적과의 접촉가능성이 높으므로 스나이퍼팀을 지원하도록 B중대 3소대도 함께 출동한다.
물론 이들이 스나이퍼팀과 함께 행동해서는 정찰팀의 의미가 없기 때문에 소대는 적에게 발견되기 어렵도록 어느정도 거리를 둔 후방에서 대기하며 스나이퍼팀만이 목적지까지 잠입 침투한다. 이 작전은 3소대장이 지휘한다.

◆상황 2: 요인경호

국방장관이 전투지역을 방문한다고 한다. 장관 신변의 안전을 확보하기 위해 스나이퍼를 DS※2로 활용한다.
스나이퍼 섹션에서 차출한 스나이퍼 6명을 경호를 담당할 헌병부대에 파견, 헌병의 PSD임무(요인경호, Personal Security Detail)부대에 부속시켜 공항에서 숙소에 이르는 국방장관의 이동경로를 내려다볼 수 있는 높은 위치 3개소에 각 2명씩 배치, 오버워치(전장감시) 및 적 스나이퍼에 대한 카운터 스나이퍼 임무를 수행한다.

[상황 1: 정보수집 및 정찰] 3소대는 목적지(OBJ, Objective)에 못미친 곳에 재집결지(ORP, Objective Rally Point)를 설치, 경계하며 대기한다. 스나이퍼팀만이 목표지점 부근까지 잠입하여 정보수집과 정찰에 임한다.

◆상황 3: 포격유도지원

UAV피드(무인기 정찰로 얻은 정보)에 의해 위치가 확인된 적 거점에 155mm 포격을 가할 것이 결정되었다. 포격의 효력을 관측할 포격유도요원이 적 거점을 내려다볼 수 있는 관측지점까지 이동해야 한다. 이를 지원하기 위한 팀을 편성하는데, 포격유도요원 외에 스나이퍼 2명, 메딕 1명, 스카웃 섹션 리더 1명 등 모두 5명으로 구성된다.

◆폭넓게 운용되는 스나이퍼

스나이퍼는 매우 넓은 폭의 운용이 가능하며, 여러 면으로 응용할 수도 있다. 위에서 소개한 것은 스나이퍼를 활용하는 극히 일부의 예에 불과하다.
또한 스나이퍼는 수행하게 될 ISR(Intelligence Surveillance Reconnaissance, 정보 수집 및 정찰)임무가 가지는 특성상 대대의 정보장교(S2)와 깊은 관계가 있으나 실제 스나이퍼의 운용 결정권은 작전장교(S3)에게 있다. 물론 최종결정권자는 대대장이며, 이러한 내용은 기초편의 앨런 대령과의 인터뷰에서도 볼 수 있다. 스나이퍼를 얼마나 효과적으로 활용할 수 있느냐의 여부는 지휘관과 작전장교의 경험과 판단력에 따르게 된다.

※ 1 : 미군에서도 소대 최선임 부사관이 소대장을 보좌하는 역할을 수행한다.
※ 2 : 「DS」는 Direct Support, 즉 직접지원 / 전속지원의 뜻. DS 임무를 맡은 대원은 파견된 부대에 전속되어 명령을 수행하게 된다.

스나이퍼 하이드

드디어 잠입 임무다…
몸을 확실히 숨겨야만
한다!

그것을 위한 거점이 바로
스나이퍼 하이드
SNIPER HIDE

스나이퍼 하이드?
기초편에 나온
LP/OP랑
다른건가요?
많이 비슷하긴 하지만
운용상 주안점이 약간
다르지.

LP/OP
본부에 포격 요청!
4클릭 앞에 전차부대 갑니다
LP/OP는 '감시'에 주안을 둔 거점.
목표가 총기의 사거리보다 멀어도 좋다.

스나이퍼 하이드
업 7… 레프트 1.5
750m…
스나이퍼 하이드는 '저격'을 위한 거점.
총기 사정거리 안쪽에 위치를 잡는다!

◆스나이퍼 하이드란

스나이퍼 하이드(은신처)는 스나이퍼 팀이 거점으로 활용하는 위치로, 주변상황과 환경에 걸맞도록 구축된다는 점에서 OP/LP와 유사하다. 기초편 116페이지에서 설명한 대로 OCOKA를 최대한으로 고려하여 설치해야 하고, 적으로부터의 공격뿐 아니라 날씨에 대한 대책도 세워둘 필요가 있다(또한 이 항목은 기초편 116페이지 OCOKA에 대한 해설을 함께 읽으면 더욱 이해하기 좋을 것이다)

◆하이드의 위치설정과 기초구조

하이드는 맵 리콘(지도, 위성, 항공사진, UAV피드(무인정찰기) 등을 통해 얻을 수 있는 정보를 기초로 분석하는 정찰활동)을 통해 출격 전에 미리 몇군데 후보지를 정해둔다. 가능하다면 하이드와 목표(적) 사이에 통행을 방해하는 하천이나 늪지, 지뢰밭 등의 장애물이 있으면 좋을 것이다. 혹 자신의 위치가 발견될 경우 이탈하기 위한 시간을 벌 수 있기 때문이다.
개인적 경험으로 아프가니스탄에 파병되어 있을 때 탈레반 병사들은 반드시 다리가 없는 강 건너편에서 매복공격을 가해 왔다. 적에 비해 숫자와 화력이 열세일 경우 적이 추격하기 어려운 지형을 택하는 것은 전술의 기초인 것이다.
산림지역에서나 시가지에서나 출입구를 구축하도록 한다. 문이나 커튼 역할을 할 것으로 출입구를 막고 실제로 드나들 때만 열도록 할 필요가 있다. 입구를 통해 들어오는 빛이 사수의 시야를 방해하지 않도록 하는 것과 함께 적으로부터 발견되지 않도록 하는 이유가 있다. 물론 바깥에서 보았을 때 최대한 상대방이 알아채지 못하도록 위장을 실시하여야만 한다.
또한 하이드 부근은 물론이고 그 안에서도 움직임을 최소한으로 줄여야만 한다. 스나이퍼 팀은 자신의 존재가 항상 적의 카운터 스나이퍼의 시야 안에 있다고 하는 의식하에 행동해야 하겠다.

◆하이드의 종류

하이드에는 여러 종류가 있고, 상황에 따라 무한히 많은 응용이 가능하겠으나 그 대표적인 것 몇 가지를 아래에 소개한다. 임무 및 지형에 비추어 가장 적합한 것을 구축하면 된다.

(1) 베리 하이드(Berry Hide) - 기동성을 필요로 하는 임무상 단시간 사용을 전제로 간단한 구조로 만드는 하이드. 엎드린 자세의 하반신이 지표면 아래에 숨을 정도로만 최소한의 흙을 파내던가 혹은 그러한 지형을 이용한다. 좌우폭은 스나이퍼와 스파터 두 명이 나란히 엎드릴 수 있을 정도면 된다. 머리와 어깨가 노출되기때문에 반드시 길리수트를 착용해야 한다. 또한 위장망 등으로 윗면을 덮는 경우도 많다.
신속하게 구축할 수 있으며 구조도 간단하고, 기동성을 중시하는 경우 여러 개를 만들어 두어 이동하며 사용할 수도 있다. 반면 비바람 등 날씨의 영향을 받기 쉽다는 등 안락성과는 거리가 있다는 단점이 있다.

베리 하이드는 대략 하반신을 숨길 정도의 깊이로 구축한다 . 출입구는 관측방향 반대쪽 (적으로부터 관측하기 어려운 편) 에 설치한다 .

얕은 구덩이나 패인 지형을 이용할 경우 노출되는 상반신을 은폐하기 위해 길리수트 및 위장망을 사용한다.

(2) 임프루브드 파이어 트렌치 하이드 (Improved Fire Trench Hide) - 보병이 사용하는 참호와 구조가 거의 같은 스나이퍼 하이드이다. 현대전에서는 사용되지 않는 과거의 유산이라고 봐도 좋다.

(3) 세미 퍼머넌트 하이드 (Semi-Permanent Hide) - 충분한 넓이와 깊이로 구축된 스나이퍼, 하이드로, 일정 정도의 방호성을 가진 지붕을 덮은 유개식이다. 글자 그대로 반영구적인 구조물로, 냉전당시 국경선등에 구축되었다. 스나이퍼팀이 교대로 사용하는 경우가 많다.

(4) 룸 하이드 (Room Hide) - 시가지상황에서 적절한 위치의 방에서 창문 혹은 벽의 구멍을 통해 사계와 시계를 확보하는 것.

(5) 크롤 스페이스 하이드 (Crawl Space Hide) - 지붕 밑이나 바위 틈사이 등 기어서나 들어갈 수 있는 좁은 공간을 이용하는 것.

(6) 루프 하이드 (Roof Hide) - 시가지에서 옥상 위에 두는 하이드. 주로 아군이 통제하는 지역에서, 특히 제공권을 아군이 가질 때 사용.

(7) 트리 오어 스텀프 하이드 (Tree or Stump Hides) - 큰 나무나 그루터기를 이용해 그 뒷편이나 옆면을 이용하는 것. 이 때 숲의 바깥쪽 가장자리를 피해 약간 안쪽으로 들어간 위치를 선정하는 것이 기본으로, 발견될 확률이 극적으로 내려간다. 나무때문에 시야가 제한되지만 발견될 확률을 낮출 수 있다.

(8) 임프로바이즈드 하이드 (Improvised Hides) - 문자 그대로 즉석 하이드. 특정 형태를 지칭하는 것이 아닌, 임기응변과 주변의 지형사물을 응용해 즉각적으로 만들어낸 것을 말한다.

◆하이드를 구축한다

1. 은폐의 중요성

스나이퍼 하이드는 앞에서 말했듯 스나이퍼가 숨어있기 위한 장소이다. 첫째도 은폐, 둘째도 은폐이다.

우선 나무 등 자연지물을 이용하여 은폐할 경우 주변과 같은 계열의 색을 띠도록 하며 주변과 동떨어진 인상을 주지 않도록 주의하여야 한다. 또한 구축할 때는 괜찮아 보인다 해도 꺾인 나무나 풀은 시들기때문에 시간에 따른 변화에도 주의하여야 한다.

다음으로 위장이 과도하여 지나치게 울창해지거나 주변 경관에 비해 부자연스러워지지 않도록 주의할 필요도 있다. 적의 입장에서 보아 자연스럽도록 하는 데 목적을 두자. 이것은 눈밭에서도, 시가지에서도 마찬가지이다.

또한 하이드의 출입은 원칙적으로 야음을 틈타 행하도록 한다. 앞에서 말했듯 하이드는 적의 카운터 스나이퍼 시야 안에 있다고 하는 의식을 잊지 말도록 한다.

2. 안락함에 대한 배려

하이드에서 행하는 감시임무는 많은 스트레스를 동반한다. 가능한 범위 내에서 몸에 부담이 가해지지 않도록 감시자세나 온도, 습도, 통기성 등을 고려할 필요가 있다. 오랜 시간에 걸친 임무의 경우 하이드 안에 앉아서 쉴 수 있는 자리를 만드는 것도 좋을 것이다. 물론 지나치게 안락한 나머지 편안한 잠을 즐길만큼 안락한 구조가 바람직하다는 것은 아니다.

3. 구축을 위한 공구

하이드는 짧은 시간 안에 튼튼한 동시에 높은 은밀성을 갖도록 만들어야 하는데, 이에 필요한 E툴(야전삽), 도끼 및 톱, 모래주머니 등은 휴대에 거추장스러운 것 또한 사실이다. 최소한도로 필요한 것을 팀원끼리 논의하여 적은 휴대물로 최대의 효과를 얻도록 취사선택할 필요가 있다. 평시부터 적은 도구로 하이드를 구축하는 훈련을 쌓아두는 것도 좋겠다.

미 육군 스나이퍼가 설치한 베리하이드. 바위 사이의 틈새를 이용해 몸을 숨기고 위장망으로 덮었다. 위장망 위에 마른 풀 등을 덮어 주변 경치와 일체화시켰다. (사진 : 미군)

이라크 정부군 스나이퍼가 구축한 베리하이드. 사막같은 평탄한 지형에도 약간씩 존재하는 지형의 기복을 이용해 몸을 숨기고 모래와 같은 색 천을 이용하여 효과적으로 위장을 실시하였다. (사진 : 미군)

시가지에서의 스나이퍼 하이드

◆시가지의 스나이퍼 하이드 구축

시가지의 건물을 이용한 스나이퍼 하이드는 산림지대나 사막지대의 것과 비교하여 월등히 높은 은폐 및 엄폐의 효과를 기대할 수 있다. 벽과 천장에 둘러싸여 있으므로 날씨 등에 노출되지 않는 경우도 많다. 한편 시가지 특유의 주의사항도 많다.

1. 눈에 띄는 건물은 피하라

어떤 건물에 하이드를 구축할지 선택하는 것이 중요하다. 예를 들어 주변에 아무것도 없이 홀로 서있거나 주변으로부터 고립된 건물은 피해야 한다. 적이 위치를 파악하기 좋기 때문이다.

주변과 비교해서 월등히 높은 탑이 있다고 하자. 시야가 넓어 LP/OP로 사용하기 좋은 반면, 저격을 고려할 경우 발포 후 발견될 확률 및 탈출루트가 제한되는 등 단점이 많다. 실전에서는 이와같은 장단점을 종합적으로 고려하여 임기응변적으로 LP/OP 및 스나이퍼 하이드의 위치를 판단하게 된다.

시가지 스나이퍼 하이드의 한 예. 시계와 사계를 얻을 수 있는 창문 등의 개방부로부터 충분히 떨어진 위치에서 사격자세를 취할 것. 가운데 커튼 모양으로 설치된 것은 얇은 망사로 된 '스나이퍼 스크린'으로, 어두운 실내에서는 밖이 보이지만 바깥에서는 안쪽이 보이기 어렵게 된다. 스나이퍼팀이 몸을 숨기는 데 사용한다.

2. 건물의 2층 이상

고층빌딩이 즐비한 도심지가 아닌 중소규모의 시가지의 경우 건물의 1층보다는 2층에 하이드를 두는 것이 좋다. 보통 의식적으로 찾아보기 전에는 건물의 2층 이상을 올려다보는 경우가 별로 없기 때문에 일반 통행인에게 발견될 확률이 낮아진다.

3. 시야 및 사계확보와 주의점

일반적으로 시야와 사계는 창문을 통해 확보하게 되나 이를 너무 의식한 나머지 창문에 인위적인 흔적을 남기는 것은 피해야 하겠다. 바깥에서 보아 부자연스러운 인상을 주게 된다. 예를 들어 먼지 등으로 지저분해져 있더라도 닦아서는 안되며, 거의 모든 방에 커텐이 쳐진 건물의 경우 하이드에만 커텐을 제거해서는 안된다.

또 창문 외에도 시야 및 사계를 확보할 방법은 얼마든지 있다. 드릴 등으로 벽에 구멍을 뚫을 수도 있고, 벽의 벽돌을 몇 개 빼는 방법도 있다. 무너져가는 벽의 구멍을 써도 되고, 이럴 경우 어느 정도 벽을 가공해도 바깥에서 알아채기 쉽지 않을 것이다.

4. 탈출경로를 확보

긴급시에 탈출할 수 있도록 여러 개의 경로를 확보해 두자. 눈에 잘 뜨이는 정면현관은 피하며, 뒷문이나 지하도 혹은 하수도를 통하는 경로, 옥상을 통해 헬기를 이용하거나 레펠로 지상으로 도주하는 방법 등이 있다.

시가지는 삼림이나 사막지대와는 달리 교전거리가 짧고, 따라서 위치가 발각되면 곧 바로 적이 들이닥치게 된다. 또한 사각이 많아 적의 접근을 탐지하는 데 실패할 가능성도 높다.

5. 스나이퍼의 위장과 장비

스나이퍼를 포함한 모든 장병은 칙칙한 색의 위장복을 착용하는데, 시가지의 경우 콘크리트만으로 된 것이 아닌 붉은색이나 파란 색 등의 원색의 물체 역시 많이 존재하기 때문에 오히려 위장복이 도드라져 보일 수 있다는 점을 명심해야 한다.

전투화 역시 정글부츠보다는 트레킹슈즈 등 바닥이 부드러운 소재로 된 것을 사용하도록 하자. 단단한 전투화는 발걸음에 따라 큰 발소리를 내며 발견될 확률을 높이는 요인이 되기 때문이다.

◆실내에서의 사격

사격을 가할 경우 창문이나 벽의 구멍 등 이른바 루프홀로부터 가능한 멀리 떨어지도록 할 것. 가까울 경우 발견되기 쉬울 뿐 아니라 이 사이의 공간 자체가 서프레서와 유사한 역할을 하여 총소리가 작게 들리게 되는 효과가 있으므로 적으로 하여금 실제보다 먼 곳에서 사격받고 있다고 하는 착각을 일으키게 한다. 물론 서프레서를 사용하면 이 효과는 더욱 더 커지게 된다. 적에게 발견될 위험성을 낮추기 위하여 긴급한 상황을 제외하고는 연속 사격은 지양하도록 한다.

이와 같이 루프홀을 통한 사격의 경우 저지르기 쉬운 실수가 앞에서 말한 조준선과 사격선의 불일치와 관한 것이다. 스코프로 목표를 포착하여 발사한 총알이 총구 앞의 벽을 때려버리는 일은 비일비재하므로, 사수는 조준선 뿐 아니라 사격선도 확실히 확인하여야 할 것이다.

시가지 저격훈련장면. 어두운 방 안쪽에 스나이퍼가 도사리고 있다. 스나이퍼 스크린을 펼쳐두면 밖에서 발견될 가능성은 거의 없을 것이다.
(사진 : 미군)

감시의 테크닉

◆스나이퍼의 임무는 "정찰"

스나이퍼 팀의 최우선 임무는 정찰이다. 최대한 많은 정보를 본진에 전하는 것이 무엇보다 중요한 것이다.
이를 위해 정확하고 신속하게 정보를 전달하고 이를 전달하는 것이 필요하다. 육안과 함께 NVG(야간투시경) 및 열상장비 등의 기자재를 효과적으로 사용하여 수집한 정보의 질과 양을 최대한으로 높이도록 하여야 한다.

◆전경 감시 및 세부감시

스나이퍼팀은 소정의 위치에 도착하면 우선 전경감시(Hasty Search)를 실시한다. 이것은 쌍안경을 사용하여 시계 및 사계 전부를 훑어보아 현재의 상황이 어떤지에 대한 정확한 상황인식(Situational Awareness, SA)을 확립하는 것이다.
단순한 상황의 인식에 그치지 않고 전반적인 분위기를 탐지하는 작업이라고 이해하면 좋을 것이다. 부자연스러움 및 위화감을 탐지해 내기 위해서는 우선 전반적인 분위기를 읽어내는 것이 중요하기 때문이다. 이어서 정찰의 주요 목표가 되는 구역으로 범위를 좁혀 감시를 실시한다. 이 경우에도, 저격총의 스코프는 시야가 좁아 전체적인 분위기를 파악하기 어려우므로 저배율의 쌍안경을 사용하여 목표 주변의 상황 및 분위기를 이해하도록 하자.
전경 감시가 끝나면 세부 감시(Detail Search)를 실시한다. 이것은 더욱 세부적인 상황을 파악하려는 것으로, 전경 감시와 세부 감시의 조합은 필요하다면 여러 차례 반복해서 실시한다.

◆감시의 4가지 요소

여기서는 미군 교본에 게재된 감시의 요소(Elements of Observation) 네 가지에 대한 기본 개념을 해설하도록 하겠다.

1. 인식 - Awareness

앞에서 말했듯 목표지점에 국한하지 않고 자신이 처한 주위의 전체적인 상황을 인식 및 파악한다. 현장의 분위기를 읽어내는 것이 변화를 포착하기 위한 첫걸음이며 또한 자신의 몸을 숨기는 데에도 중요하게 작용한다.

2. 이해 - Understanding

상황이 파악되었으면 자신이 무엇을 어디까지 할 수 있느냐를 이해하도록 한다. 한 예로, 적 부대가 시야에 포착되었으나 현 위치에서는 부대표식 등을 판독할 수 없고, 200m가량 더 접근하면 이것이 가능하겠으나 발각될 가능성도 높아진다고 하는 상황

세부감시는 좌우 180도 범위를 거리 50m 구간으로 나누어 관측한다. 동심원을 그리며 관찰하는 기법은 기초편 123페이지에 소개한 레인지카드 작성법과 동일하다.

이라는 식이다. 무모하고 무리한 행동을 피하고, 자신이 할 수 있는 행동의 범위를 냉철히 판단한 후 실행에 옮기도록 한다.

3. 기록 - Recording

인식한 사실은 있는 대로 기록에 남겨야 한다. 정찰을 위한 특수한 기록법이 있긴 하지만 그 기본이 되는 것은 SALUTE 리포트이다. SALUTE리포트에 대해서는 뒤쪽에서 자세히 해설할까 한다.

4. 대응 -Response

얻어낸 정보에 어떻게 대응하여야 할 것인가? 기록하는 데 그칠 것인가, 부대에 연락하여 지시를 구할 것인가, 즉시 이탈해야 하는가, 화력지원을 요청할 것인가, 저격을 할 것인가 등등 최적의 대응책을 찾아야 한다. 이러한 판단에는 오랜 동안 쌓아올린 경험이 중요하게 작용한다.

◆집중력을 유지한다

인간이 온전히 집중할 수 있는 시간은 길어야 15분정도라 한다. 낮과 밤을 가리지 않고 10~15분 간격의 로테이션으로 교대해 가며 감시임무를 수행, 눈을 쉬게 한다. 또한 여러 감시수단을 돌아가며 사용하여 눈의 피로와 집중력의 저하를 줄이도록 한다.

예를 들어 아프가니스탄에서 LP/OP임무에 임할 당시 열영상(백색모드) -> 육안(쌍안경) -> 야간투시경 -> 육안(쌍안경) -> 열영상(흑색모드)※1 라는 방식으로 기자재 및 사용모드를 바꾸어가며 눈을 쉬게 하는 방식을 택했다.
또한 기자재에 따라 성능과 효과가 다르다는 점에서도 감시가 더욱 효율적이게 된다. 열영상장비 백색모드에서는 보이지 않더니 흑색모드에서 숨어있던 적을 발견할 수 있었다는 등의 경험담은 여러 건이 알려져 있다.

◆일출/일몰을 전후한 시간대의 감시 및 주의점

해가 뜨는 시간대 물론 특히 해가 저무는 시간을 전후한 시간대에서는 발견될 확률이 높아지므로 주의하여야 한다. 태양이 낮은 각도에서 비추기 때문에 스코프의 대물렌즈에 빛이 반사될 위험이 있고, 그림자가 길어지므로 약간의 움직임으로도 큰 영향이 있다. 따라서 이 시간대의 경우 움직임을 최소화하도록 하거나 경우에 따라서는 감시활동을 중단하는 등 상황에 맞는 임기응변의 필요가 있다. 미리 파악해 둔 햇빛의 영향이 적은 위치로 이동하는 것도 좋겠다.

◆야간의 감시 및 주의점

스나이퍼는 고도의 훈련을 받은 병사이기 이전에 한 사람의 인간이며 야행성동물과 같은 야간시력을 가진 것이 아니기 때문에 사전에 미리 눈을 어두움에 적응시킬 필요가 있다. 예를 들어 낮동안 선글라스를 사용하거나, 일몰후 30분간은 눈을 혹사시키는 감시 및 수색활동을 중지하고 어둠에 눈을 적응시키는 데에만 집중하는 등이다. 이러한 것을 야간적응(Night Adaptation)테크닉이라 한다.

◆야간조명

경찰 및 사법기관의 스나이퍼 팀은 특히 경비임무 등 자신의 위치가 알려져도 무관할 경우 고광량의 라이트를 소총에 장착하여 사용하는 경우가 있으나 밀리터리 스나이퍼는 이러한 것과 무관하다고 보아도 되겠다. 적외선 필터를 장착한 라이트로 맨눈에 보이지 않는 적외선조명을 사용할 수도 있겠으나, 적이 야간투시경이나 열상장비 등을 사용할 경우에도 대비해야 하기 때문에 가시광선 및 비가시광선을 막론하고 이와 같은 장비는 지극히 한정적으로 사용하여야 할 것이다.
가로등이나 건물에서 새어나오는 빛, 화재 등 해당 구역 내에서 자연스럽게 이용할 수 있는 빛을 이용하도록 하자. 또한 드물긴 하지만 경우에 따라 M301A2 조명탄※2에 의한 조명지원을 요청할 수도 있다.

※ 1 : 열상장비는 온도의 고저차를 흑백영상으로 표시하지만 고온부를 흰색으로 할지, 검정색으로 할지 사용자가 바꾸는 것이 가능하다.
※ 2: 81mm 박격포에서 발사되는 조명탄. 5만 칸델라의 빛을 60초 동안 내뿜는다. 참고로 자동차의 헤드라이트는 대략 15,000 칸델라 정도이다.

적 저격병의 탐색

◆오른쪽에서 왼쪽으로

적 저격병을 찾아내기 위한 탐색기술(스캐닝 테크닉)은 육안이거나 각종 광학기기를 사용할 경우에도 그 기본은 동일한데, 우선 시야가 넓은 육안으로 시작한 이후 세세한 관찰이 가능한 광학기기를 사용하는 순서로 한다.

우선 육안을 통해 눈을 좌에서 우로, 다시 우에서 좌로 움직이며 움직임, 반사, 그림자 등 눈에 뜨이는 것이 있는지를 본다. 이러한 움직임은 신경생리학적인 이유가 있는데, (역자 주: 아랍어를 사용하지 않는 한) 현대인은 책이나 화면의 왼쪽에서 시작하여 오른쪽으로 시선을 옮겨가며 정보를 얻는 데 익숙하기 때문에 야전에서의 감시에 있어 그 방향으로만 실시할 경우 미세한 변화나 특이사항을 놓칠 가능성이 높다. 익숙하지 않은 방향, 즉 오른쪽에서 시작하여 왼쪽으로 시선을 옮겨가는 것이 더욱 탐색에 있어서의 집중도가 높다.

또한 어느 한 지점에만 의식을 집중하지 않도록 주의하여야 하겠다. 이것은 시야를 좁게 하여 정확한 인식을 방해한다. 육안을 통한 탐색이 종료되면 광학기기를 사용, 마찬가지 방법으로 탐색을 진행한다.

◆빛과 그림자

빛은 물체의 형상과 색을 드러내게 하는데, 가장 대표적인 빛이라 할 태양빛은 시간과 계절, 구름 등의 날씨 등에 따라 변하여 물체의 형상과 색 등이 달리 보이게 되곤 한다. 스나이퍼는 여러 환경을 경험하여 이러한 변화를 이해할 필요가 있다.

또한 빛이 만들어 내는 그림자는 특히 중요하다. 때로 그림자는 본체보다 더욱 확실히 그 존재를 드러내게 하기 때문이다. 특히 높은 위치에서 볼 때 그러한 경우가 많다. 탐색에 있어 적 저격병의 모습 자체를 찾는 것 뿐 아니라 그 그림자에도 주의하여 탐색해야 할 것이다.

훈련도가 낮은 병사는 자기 자신의 은폐 및 엄폐에만 주의를 기울이는 나머지 자신의 그림자의 영향에까지 신경을 쓰지 못하는 모습을 많이 보이며, 이에 대해 특별히 교육과 훈련을 받는 경우조차 많지 않을 것이다. 반대로 적이 그러하다면 이를 최대한 이용하여 적 인원이 무의식적으로 만들어내는 그림자를 발견하여 유리한 상황을 이끄는 데 도움을 삼아야 할 것이다.

진부한 수단이겠으나 조명탄의 효과도 잊어서는 안된다. 적 저격병의 위치를 알 수 없을 때엔 조명탄을 쏘아올리거나 조명탄 지원을 요청한다. 하늘에서 비추는 조명탄은 지상의 세세한 움직임도 확인하기 쉽게 한다. 반대로 적이 조명탄을 사용한다면 비록 엄폐물조차 없이 서있는 경우에도 절대로 움직여서는 안된다.

◆움직이는 물체

인간의 눈은 주야(밤낮)를 막론하고 움직이는 물체를 무의식적으로 포착하도록 되어 있다. 이것은 장점인 동시에 한계이기도 하다. 따라서 스나이퍼는 시야 안의 모든 움직임 가운데 특정한 움직임에만 시선을 집중할 수 있도록 평상시에도 훈련을 쌓아 둘 필요가 있다.

적 저격병을 탐색하는 데 있어 주의하여야 할 점으로, 움직이는 주체의 움직임(프라이머리 무브먼트)와 이것이 만들어내는 부차적인 움직임(세컨더리 무브먼트)이 있음을 염두에 두어야 한다. 즉 적 저격병이 움직이면서 (프라이머리) 건드린 나무가지 끝의 나뭇잎이 흔들리는(세컨더리) 움직임을 파악하는 것과 같다.

한편 적과 관계 없는 움직임에 신경을 빼앗기지 않도록 하는 것도 중요하다. 적 저격병이 주의를 분산시킬 목적으로 미끼를 삼을 가짜 움직임을 만들어낼 수도 있기 때문이다. 이러한 모든 가능성을 고려하여 신중하며 신속하고도 정확히 탐색을 진행하여야 한다.

자신의 몸을 숨겼어도 그림자에는 신경을 못 쓰는 경우가 많다. 적이 만드는 그림자를 발견할 수 있다면 유리한 상황을 만들 수 있다. 또한 그림자의 위치는 태양 등 빛의 위치나 상황에 따라 변한다는 점을 잊어서는 안된다.

SALUTE 리포트

S Size
A Activity
L Location
U Unit/Uniform
T Time
E Equipment

◆여섯가지 보고 항목

적의 상황에 대해 보고할 항목을 6개로 정리하여 '경례' 라는 뜻을 가진 영어 단어 SALUTE에 맞춘 것이 SALUTE 리포트로서, 보병의 기초적 능력을 묻는 우수보병기장 취득과정(EIB, 기초편 143페이지 참조)의 필수과목 가운데 하나이기 때문에 보병 전원이 작성 능력을 취득해야만 하는 것이다.
하물며 보병 가운데 정예요원이라 할 스나이퍼라면 잠이나 술에 취한 상태에서도 이 여섯 항목을 읊을 수 있을 정도로 훈련받게 된다. 내가 아는 한 가장 간단하며 이해하기 쉬운 방법으로, 앞으로도 이것에 변경사항이 발생하지는 않을 것이다. 이 여섯 항목을 하나씩 소개해 보자.

· Size - 적 부대의 규모 및 인원수

우선 발견한 적 집단의 인원수를 기입한다. 인원의 정확한 숫자를 그대로 기입해도 좋지만 부대 단위로 보고하는 것이 최선일 것이다. 예를 들어「PLT size, 20+ (소대규모, 20명 이상)」이라는 식이다. 그 다음으로 차량 및 텐트 등의 야영설비 등도 보고한다. 시야에 보이는 인원수가 20명가량이라도 차량과 텐트 안에 사람이 더 있을 가능성이 있기 때문이다.

· Activity - 활동상황

적 부대는 현재 무엇을 하고 있는가? 이것을 파악하기 위해서는 보병으로서의 경험이 필요하다. '도보로 이동중', '진지구축중', ' 20% 경계태세 하 휴식중(다섯명 가운데 한 명이 경계태세)', '철수준비중' 등등이다.

· Location - 위치

군에서는 반드시 좌표(경도, 위도※1)를 통해 위치를 표시한다. 예전에는 지도와 전용 눈금자(프로트랙터)를 통해 8자리 숫자를 생성했으나 현재는 GPS를 사용하여 보다 정확한 10자리 숫자를 사용한다(각각 '8계단' 및 '10계단 좌표'). 8자리 숫자의 경우 사방 10m 구역을, 10자리 숫자는 사방 1m 구역을 지정한다. 적 집단의 좌표 이외에도 활주로 등의 군사시설, 다리, 터널 입구 등 기준점으로 삼을 만한 구조물이나 지형이 있다면 함께 적어두어도 좋다.

· Unit / Uniform - 부대 및 복장

적이 착용하는 제복, 부착된 계급장이나 부대휘장, 깃발이나 차량 번호에서 유추할 수 있는 소속부대 및 연대/대대/중대 등 조직 등을 가능한 한 식별하도록 한다. 또한 화학방호복 등 특수장비를 사용하고 있을 경우 이를 함께 알린다.
이 항목(및 다음의 Equipment 항목)에서 알 수 있듯 스나이퍼는 적의 복장 및 장비 등에 관한 정보도 가지고 있어야 한다. 정보주특기가 부여된 인원은 애리조나주에 위치한 포트 후아추카(Port Huachuca)기지에서 WEO(Weapons, Equipment and

※ 1 : 위치좌표는 알파벳 2 글자와 수자로 나타낸다. 이는 MGRS(Military Grid Referenced System) 이라고 하는 것으로 AB 12345 56789 와 같은 방식으로 표시된다. 자세한 것은 기초편 122 페이지의 사진해설 및 레인지카드 기입해설을 참고하기 바란다.

Organization, 적성무기, 장비, 조직)과정을 이수하게 되지만 스나이퍼는 이에 해당하는 지식을 짧은 시간 내에 습득하여야 한다.
여담이지만 필자가 해당 과정을 밟는 과정에서 여러 동기생들이 고생하는 가운데에서도 어렸을 때 취미로 구 소련제 전투기와 전차, 장갑차의 프라모델을 만들며 얻은 지식에 힘입어 단방에 합격한 일이 있다. 그런 것이 군인이 되어 실무에 도움이 되리라고는 생각하지 못했다.

· **Time – 시간**
목격한 시간과 날짜를 기입한다. 간단해보이지만 그리 간단치만도 않다. SALUTE 가운데 가장 오류가 많은 항목이라 할 수도 있다. 필자가 장교로 복무할 당시 이 점을 반복적으로 확인하였다.
온 나라가 같은 시간대를 사용하는 나라에서 살고 있는 사람들은 실감하기 어렵겠으나, 미국의 경우 본토에만 4개의 시간대를 사용하고 있고, 알래스카와 하와이까지 포함하면 더 넓어진다. 태평양의 하와이와 수도 워싱턴 사이에는 6시간이나 시차가 있는 것이다. 게다가 서머타임을 실시하는 경우 또 한 시간의 변동이 생긴다. 이에 더해 미군은 세계 각지에 전개하고 있는지라 주된 주둔지만 따져도 이라크, 아프가니스탄, 일본/한국, 유럽 등 실질적으로 세계의 거의 모든 시간대를 사용한다고 해도 지나치지 않을 것이다.
이러한 시간대의 혼란을 피하기 위해 보고에 사용하는 시간은 세계표준인 그리니치 시간대, 즉 줄루 타임(Zulu time)을 사용하며, 오전/오후를 나누지 않는 24시간 단위를 사용해 보고한다.
예를 들어「2016년 7월 6일 오후 6시 45분」의 경우, 무선으로 보고할 경우라면 1845 Hours Zulu, July Sixth, Two thousand sixteen (18시 45분 줄루타임, 7월 6일, 2016년)으로, 기입할 경우 061845JUL2016(Z) 가 된다.
앞의 EIB 과정 가운데 이것때문에 탈락한 인원을 여럿 보았다. 훈련과정상에서의 실수야 있을 수 있겠으나 실전에서라면 막대한 피해를 발생시킬 수 있으므로 충분히 주의를 기울여야 할 항목이라 하겠다.

· **Equipment – 장비**
무기, 차량, 항공기, 장비 등 네가지를 기본으로 보고하는 항목이다.
'무기' 는 보병이 휴대하는 개인화기 이외에도 대전차병기(RPG-7 등), 대공화기(SA-7 등)와 같은 사항을 확인한다. 특히 이들 특수무기의 소지여부는 중요한 정보로서 정확히 보고할 필요가 있다. '차량' 은 전차와 장갑차, 대공차량을 포함한다.
'항공기' 는 공격 및 수송헬기 및 고정익기 등을 말한다. 아군의 육상부대에 있어 적의 항공전력의 유무는 가장 중요한 정보로, Mi-24나 Su-25 등은 육상부대에게 있어 사활을 가를 수 있는 대상이므로 기종과 숫자, 가능하다면 탑재한 무장 등도 식별할 수 있도록 노력하여야 하겠다.
'장비' 와 관련하여 예를 들자면 낙하산이 발견될 경우 공수능력이 있다는 의미일 뿐 아니라 해당 부대가 어느 나라에서건 최정예부대로 훈련받는 공수부대라는 점이 파악되며, 보트가 발견된다면 도하능력이 있음을 알 수 있다.
보급물자 및 이와 관련된 장비를 보면 이 부대의 전투수행 및 유지능력을 유추할 수

있고, 고도의 통신시스템을 가지고 있다면 적이 높은 C2(지휘통신)능력을 가지고 있음을 알 수 있다.

◆복잡한 상황을 분석하는 능력

지금까지는 어디까지나 단순한 예에 불과하고, 실전에서는 더욱 복잡한 상황을 보고해야 하는 경우도 많다. 기초편 156페이지의 인터뷰에서 보듯 보병부대를 지휘한 경험이 있는 알렌 대령은 스나이퍼와 UAV(무인정찰기)의 정찰능력을 비교할 때 그저 보는 데에 그치지 않고 복잡한 상황을 분석하여 판단할 능력을 가지는 인간의 능력을 상대적으로 높이 평가하고 있는데, 바로 이와 같이 눈앞에 펼쳐진 상황을 6개 항목의 내용으로 정리하여 정확한 의미를 파악, 보고할 수 있도록 하는 것이 스나이퍼의 중요한 능력이라 하겠다.

저격목표 선정방법

왔습니다! BMP 1대와 소대 규모병력입니다. 미확인 신무기도 보입니다!
알았다. 저격으로 발을 묶어놓자.

근데 적이 너무 많잖아요…
어디를 쏴야 되죠?
스나이퍼는 많이 쏴 봐야 몇발…
후후후… 총알을 효과적으로 쓰는 법을 알려주지!

◆먼저 저격할 대상

스나이퍼가 쏠 수 있는 총알 숫자는 단 한 발, 운이 좋아봐야 몇 발 정도이다. 게다가 이쪽이 쏘면 쏠수록 발각될 가능성이 비약적으로 높아지기 때문에 적은 숫자로 잠입하는 스나이퍼 팀에게 큰 리스크가 된다. 따라서 스나이퍼는 적의 집단 가운데 가장 효과적인 목표를 골라 한 발의 총알로 가장 큰 효과를 얻어야 하며, 반대로 말해 이것을 해 낼 수 있어야만 스나이퍼라 하겠다.
우선순위가 높은 표적을 아래와 같이 정리하였다. 물론 임무의 내용과 상황 등에 따라 저격할 목표가 정해져 있거나 우선순위가 변동되는 경우도 있다. 아래 해설은 가장 기초적인 기준에 지나지 않음을 주의하기 바란다.

◆통신병 / 지휘관

군은 지휘명령체계에 따라 활동하는 조직이다. 적의 지휘통제(Command & Control)을 파괴하는 것이 적의 움직임을 마비시키는 가장 효과적인 방법이라 하겠다. 따라서 통신병은 가장 중요한 저격목표이다. 지휘통신망을 끊어버리면 타 부대와의 연락수단을 잃어 지원요청 등이 불가능해진다.
적 지휘관 또한 중요한 목표임은 자명하다. 특히 훈련도가 낮은 민병 등의 집단은 지휘관을 잃자마자 사분오열되기 십상이고, 그렇지 않더라도 혼란을 야기함과 동시에 사기가 저하된다.

◆화력이 강한 화기를 든 병사 (기관총/지원화기사수 등)

유탄발사기나 기관총 등 강한 화력의 지원화기(CSW: Crew Served Weapon)를 보유한 인원은 소수라도 큰 제압능력을 가지는데, 이들을 무력화해 두면 타 아군부대와 교전시 아군이 유리해지게 된다.

◆대전차화기/대공화기 사수

SALUTE 리포트에서 언급한 대로, 대전차화기나 대공화기의 존재는 아군의 전차 및 항공기의 행동을 상당히 제약하게 된다. 이를 제압해 놓으면 아군부대가 유리하게 전투를 이끌 수 있다.

◆스나이퍼

기초편에서 말했듯, 정확하게 날아오는 총알은 현실적인 위협으로 작용하기 때문에 스나이퍼의 존재는 아군과 적군 모두에게 심리적 영향이 크다. 적 스나이퍼는 최대한 배제하는 것이 좋다. 또한 스나이퍼 팀의 퇴출국면에서도 적 스나이퍼의 존재는 큰 위협이 된다.

◆특수기술자

적측에 특수병기나 무인기(UAV), 무인차량(UGV) 등 특수한 기술을 가진 인원이 있어야 운용할 수 있는 기기가 있을 경우 이 운용인력을 배제하면 효과적이다. 값비싼 무기를 무용지물로 만들 수 있다.

◆전차, 항공기에 대한 저격

전투력이 높은 전차 및 전투/공격용 항공기의 존재는 아군부대에 큰 위협이 아닐 수 없다. 다시 말해 이들을 무력화시킬 수 있다면 적의 전투력을 해치며 아군에 유리한 상황을 만들 수 있다.
물론 지름 단 몇 밀리미터짜리 총알로 이들을 완전히 파괴할 수는 없겠으나 약점을 정확히 노려 일시적으로나마 무력화할 수는 있다. 그러면 값이 몇억~몇백억이나 하는 무기를 총알 몇천원어치로 (일시적으로나마)무력화시키는, 비용대효과가 매우 높은 저격기술을 알아보자.

◆전차를 무력화시키다

두꺼운 장갑을 두른 전차라도 약점은 있다. 전차 윗면에 있는 각종 센서나 광학기기, 안테나 등이다. 이것들은 모두 전투에 필요한 것들이며, 파괴하면 전투력의 저하나 일시적으로나마 전투 불능상태로 만들 수도 있다. 그리고 전차의 윗면은 눈에 잘 띄는 곳이라 조준하기도 쉽다.
또한 전차나 전투차량의 승무원 또한 효과적인 목표이다. 숙련된 기술을 가진 인원은 곧바로 대체하기 어려운 법이다. 다행히 이들 승무원들은 전투중이 아닌 경우에는 차량 외부에 몸의 일부를 노출시키고 있는 경우가 많으니 정차중이라면 쉽고 확실하게 무력화시킬 수 있겠다.

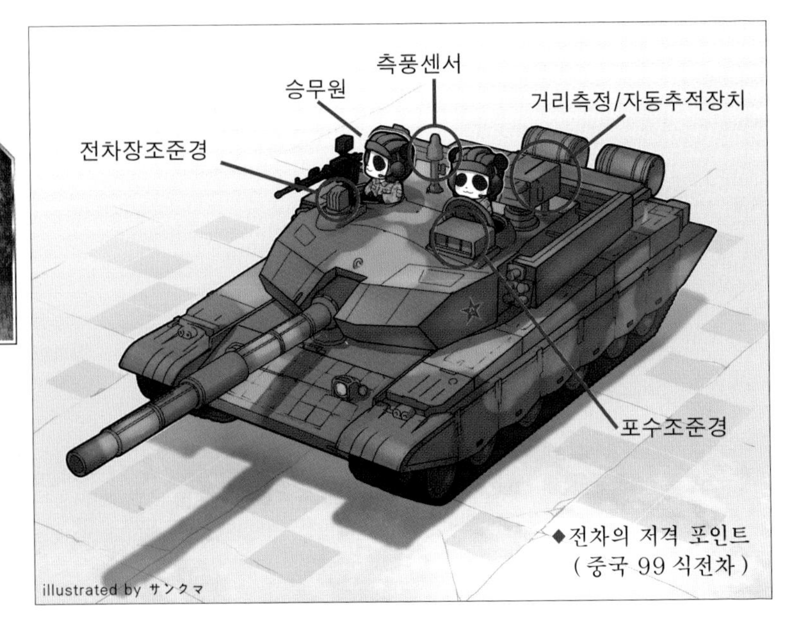

◆전차의 저격 포인트
(중국 99 식전차)

◆전투기를 무력화시키다

장갑 대신 정밀기계가 들어찬 전투기는 전차 이상으로 공격하기 쉬운 타겟이다. 작은 손상만으로도 비행이 불가능해지며, 수리에 많은 시간을 빼앗긴다.
우선 기수의 원뿔, 노즈콘(레이돔)은 비행기의 눈이라 할 레이더 안테나가 들어있을 뿐 아니라 공기역학적으로 중요한 역할을 하고 있는데, 이 레이더파가 투과할 수 있도록 비금속성 재료로 만들어져 있다. 이곳을 공격하면 손쉽게 레이더를 파손시킬 뿐 아니라 비행 자체를 곤란하도록 할 수 있다. 또한 날개의 플랩 등 가동부위를 파손시키거나 소이탄 등을 사용하여 주익 안쪽 부피의 대부분을 차지하는 연료탱크를 폭발시킬 수도 있겠다. 이외에도 여러 가동부, 배선, 센서 등도 목표로 삼을 수 있다.
전차와 마찬가지로 관련 인원을 공격하는 것도 효과적이다. 항공기와 관련된 인원은 전차 등 다른 부문과 비교해서 육성이 훨신 어려워 교체인원의 투입이 더더욱 곤란하다. 정비사 및 정비와 관련된 기자재에 대한 공격도 효과적이다.
스나이퍼는 평시에도 전차나 항공기 등에 관한 관심을 가지며 약점 등에 관한 지식을 갖추는 것도 좋을 것이다. 또한 무기전시회나 에어쇼 등의 행사는 최신무기를 직/간접적으로 관찰할 수 있는 절호의 기회이니 적극적으로 참가하여야 할 것이다.

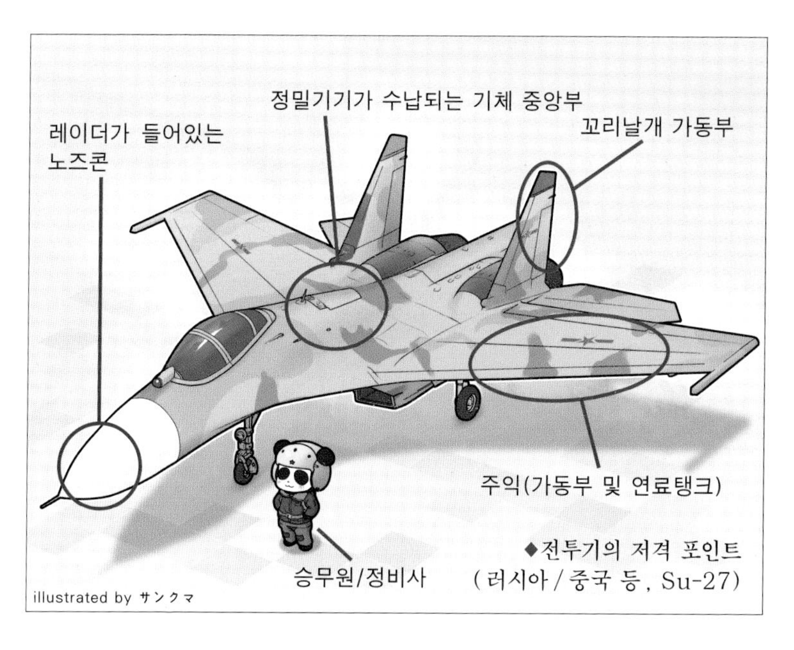

◆전투기의 저격 포인트
(러시아/중국 등, Su-27)

추격을 뿌리치다

아, 아군의 비밀병기 X가 파괴당했다~!!
치지직
치지직

잘했다!
이제 당분간
못 움직이겠지!
헤헤~
이제 저도 진짜
스나이퍼가 되
아직!

에에에!?
두두두두
복귀를 해야 임무
가 끝나지.
탈출해서 네이비네
헬기와 합류한다!

◆특수부대 스나이퍼가 배우는 기술

적은 인원으로 행동하는 스나이퍼팀의 화력은 아무래도 부족하다. 따라서 은밀하게 행동해야 하지만 만에 하나 적성지역 안에서 적군에게 발견되었을 경우 제압 및 구속 당하지 않도록 전력으로 탈출해야 하는데, 이러한 탈출을 전문용어로 E&E(Escape & Evasion)이라 한다.
영화에서 종종 연출되는 긴박한 상황이지만, 일반부대에서는 보통 이러한 E&E가 요구되는 작전지역(AO:Area of Operation)에서의 활동을 전제하지 않는다. 따라서 기초편에서 해설한 스나이퍼 육성과정상 E&E는 포함되지 않는다.
그렇다면, 어느 단계에서 배우게 될까? E&E 과정의 교육은 특수부대를 지망할 경우라면※1 특수부대선발훈련(SFAS, Special Forces Assessment and Selection)을 거친 후 특수부대자격 인정코스(SFQC, Special Forces Qualification Course) 과정 가운데 생존/회피/저항/탈출과정※2(SERE, Survival, Evasion, Resistance and Escape)에서 배우게 된다.

◆E&E에 필요한 능력과 준비

우선 당연한 이야기지만 E&E를 위해서는 강인한 신체적 조건이 필요하다. 평소 트레이닝을 게을리하지 않는 절제된 생활과 균형잡힌 식생활, 충분한 수면과 규칙적 생활을 통해서만 얻어질 수 있는 것이다. 특히 오래달리기와 행군훈련이 중요하다. E&E에서 낙오는 곧 작전의 완전 실패를 뜻한다.
다음으로는 E&E에 필요한 장비를 사전에 선정하여 정비하여 둘 필요가 있다. 또한 현장에서 불필요하다고 판단되는 장비를, 극단적인 경우 저격총조차도 망설임없이 유기 및 파기할 수 있는 판단력도 필요하다.
보통의 경우 필요한 장비를 조그마한 가방이나 파우치에 모아 담은 E&E팩을 따로 준비해 둔다. 내용물은 임무나 상황에 따라 다르지만, 나이프, 멀티툴, 음료수, 에너지바(소형 영양식), 소형 무전기, 현금이나 금화, GPS 및 비콘 신호기, 권총의 예비탄약, 지도, 파이어 스타터(야외에서 신속하게 불을 피우는 도구), 이머전시 블랭킷(비상용 이불), 플래쉬라이트 등이다. 권총은 홀스터에 넣어 휴대하면 되겠다. 긴급시에는 탈출에 도움이 되지 않는 무거운 백팩(배낭)이나 장비등을 과감하게 버리고 간편한 E&E팩만을 휴대한 채 행동하게 될 수 있는데, 이때문에 E&E팩은 독립된 가방이나 파우치 형태일 필요가 있다.
또한, 특수부대원이나 스나이퍼가 고급 손목시계를 차는 경우가 많은데, 이것은 E&E와도 관계가 있다. 현지에서 거래가 가능할 경우 아무리 싸게 팔아도 적지않은 현금으로 바꿀 수 있기 때문이다.

※ 1 : SFAF 나 SFQC 등 특수부대의 선발과정에 대해서는 '일러스트로 배우는 세계의 특수부대 미국편' 참조 .
※ 2 : 미군의 SERE 훈련은 난이도에 따라 3 단계가 있으며 , 낮은 난이도의 레벨 A 훈련은 전 장병이 기초훈련단계에서 받게 된다 . 가장 어려운 레벨 C 훈련은 SERE 스쿨에서 이수하게 된다 .

◆E&E의 기초개념

E&E를 자세히 다루려면 따로 교재 한 권 분량의 내용을 다루어야 할 정도로 내용이 많다. 따라서 여기서는 E&E에 관해 알아두어야 할 기초적인 요점만을 정리한다.

·「항상 반드시 탈출에 성공한다고 확신하는 강인한 의지(Survivor' s Mindset)을 가질 것

· 주변의 공간과 상황을 인식한다(Situational Awareness). 특이점은 없는지 상황을 경계하는 습관을 몸에 배게 하여 위기를 회피하도록 한다. 또한 탈출경로를 작성할 경우에도 서로 다른 두가지 이상의 퇴로를 짜 둘 것. 예를 들어 건물 안에서도 동쪽 출구와 서쪽 출구 모두를 퇴로로서 고려하는 식이다.

· 일반적으로 수색은 포위망을 좁히는 형태로 이루어지기 때문에 도주만을 계속할 경우 결국 독안의 쥐가 되고만다. 포위를 돌파할 것을 염두에 두고 행동할 것

· 활동지역의 언어를 이해한다. 물론 완전히 해당 언어를 습득하기에는 시간이 걸리지만, 가능한 한 글자와 단어를 이해하도록 노력하고, 관습과 문화를 함께 이해할 것(Cultural Awareness). 개인적으로는 적성지역/국가의 인원은 절대로 신뢰하지 않으므로 추천하지는 않으나, 경우에 따라서는 민간인과 교섭하에 탈출에 협력을 얻을 수 있을 수도 있다.

· 위장에 철저할 것. 진흙이나 흙 등 주변에서 얻을 수 있는 것으로 자신의 존재를 배경에 녹여내는 것이 중요하다. 이것은 자신에게서 나는 냄새까지 지워 추적견의 후각을 속이는 목적도 있다.

· 불을 포함하여 소리와 빛을 발생시키지 않을 것. 발견될 가능성을 높이기 때문에 당연하다. 흩어지지 않은 연기도 마찬가지로 주의해야 한다.

· 은신처를 만들 경우 BLISS에 주의한다. Blend(주위에 녹아들 것), Low silhouette(실루엣을 최소한도로 줄일 것), Irregular shape(자연물 특유의 비정형적인 모양을 취할 것), Small(크기를 최소한도로 줄일 것), Secluded location(주변에 사람이 없는 곳일 것) 등이 그것이다.

· 만일 적에게 잡혔을 경우 시간이 지날 수록 탈출은 곤란해진다. 공복과 탈수 등으로 이해 체력이 약해지며, 더욱 경비가 삼엄한 곳으로 옮겨지기 때문이다.

· 적을 이해할 것. 예를 들어 적이 이슬람세력일 경우 포로가 되었을 때 자신도 무슬림이라고 우겨볼 수 있을 정도로 코란에 대한 지식을 쌓아두거나 하는 것이다. 단 이것은 양날의 칼과 같아서 거짓말이 들켰을 경우 오히려 더욱 강도높은 보복을 당할 수 있다는 점도 명심해야 한다.

적의 추격을 뿌리치는 테크닉

◆필사적인 적으로부터 어떻게 도주하는가

이제까지의 내용을 통해 E&E가 고도의 테크닉을 필요로 하는 것이라는 점을 인식했을 것이다. E&E는 그 특성상 쫓기는 측과 마찬가지로 쫓는 측도 필사적으로 임하게 된다. 누가 아군을 몰래 공격해 피해를 입힌 상대를 곱게 돌려보내겠는가.
그렇다면 구체적으로 어떤 방법으로 탈출하면 되겠는가? 모두 다 설명할 수는 없으나 탈출과 반격 각각을 목적으로 하는 테크닉을 하나씩 소개한다

◆슬립 더 스트림(Slip the Stream)

탈출을 목적으로 하는 테크닉으로, 자신의 도주경로를 위장하여 적을 기만, 판단착오를 유도하려 생긴 시간적 여유를 틈타 탈출을 노린다. 단, 적당한 위치에 있는, 너무 크지도 작지도 않은 폭 몇미터 정도의 개울(Stream)을 이용하기 때문에 언제나 사용할 수 있는 테크닉은 아니라는 점을 주지시켜 둔다.
상황을 설정하자면, 저격임무를 완료한 후 북쪽(방위 360도)를 향해 도주하는 과정에서 발자국이나 목초에 남은 흔적, 냄새 등을 따라 남측에서 적이 추적해온다고 하자. 전방에는 동에서 서로 흐르는 개울이 있다.
개울 100m를 남기고 북으로 향하던 진행방향을 45도 북동으로 향한다. 이 과정에서 이동방향을 바꾸었다는 점을 적이 인식할 수 있도록, 분명하면서도 인위적인 티가 나지 않을 만큼의 흔적을 남긴다. 이대로 개울을 건너 45도방향으로 계속 진행하는데 이것이 기만용 도주로(False Trail)다.
어느 정도 진행하다가 자신의 흔적을 되짚어 다시 개울가로 되돌아온 후, 개울물 안으로 들어가 하류로(이 경우 서쪽으로) 진행한다. 개울을 거슬러 상류측으로 갈 경우 유류품이나 냄새 등 흔적이 물을 타고 하류의 추격자측으로 흘러갈 가능성이 있으니 반드시 개울을 타고 하류측으로 진행하도록 한다. 수백미터정도 이동하면 개울을 나와 다시 북쪽을 향해 진행한다. 이 경우 발자국등이 남지 않도록 바위 등을 이용하면 좋다. 개울을 타고 이동하면 하반신 등이 물에 젖게 되지만 자신의 냄새를 지워주는 효과도 있어 적이 군용견을 활용할 경우 더욱 효과적이다. 개는 인간보다 100만배 뛰어난 후각을 가지고 있는데다 훈련까지 받은 군용견의 추적을 뿌리치기는 거의 불가능하기 때문에 이와 같은 테크닉이 더욱 유용하다. 이후 합류지점에 도착하여 헬기 등을 이용, 탈출한다.

◆피시훅(Fishhook)

이것은 추적하는 적에게 효과적인 역습을 가하는 테크닉이다. 지도상에 그다지 높지 않은 언덕이 있다면 이 언덕을 한바퀴 도는 형태로 정상부근까지 올라 자신이 걸어온 경로를 조망할 수 있는 위치에 매복한다. 이렇게 하면 자신의 흔적을 따라오는 적에게 타격을 가할 수 있다.

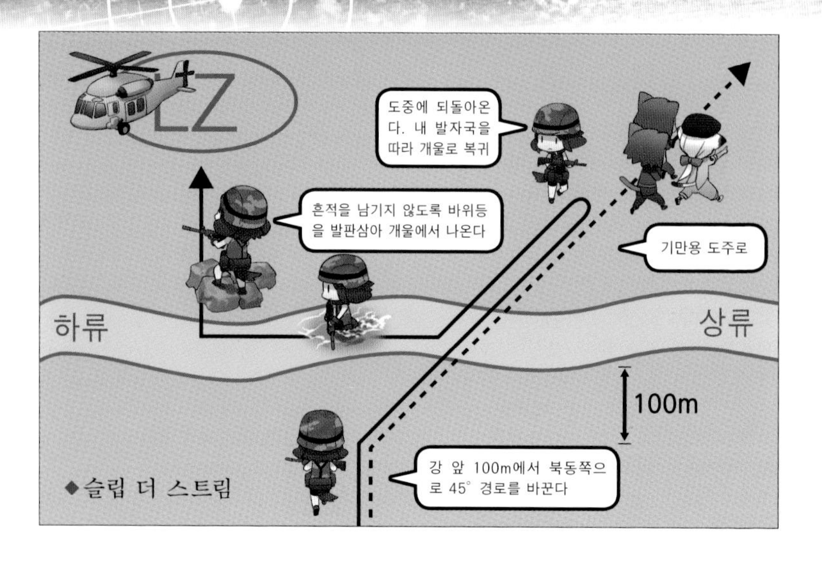

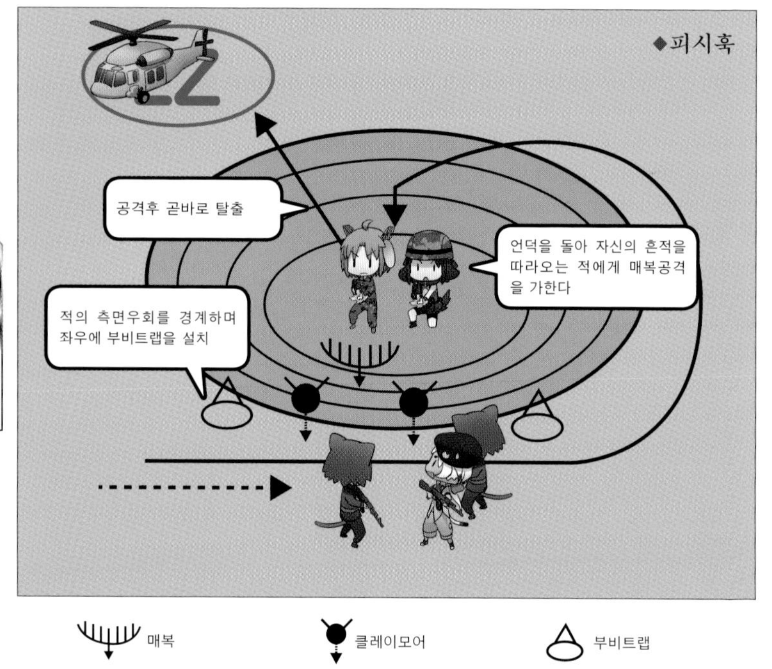

매복 클레이모어 부비트랩

스나이퍼팀의 전술

성공의 포인트는 적이 자신이 이용한 경로를 그대로 이용하도록 흔적을 남겨두는 것이다. 물론 이 때 인위적인 느낌이 들지 않도록 주의한다. 매복공격을 가할 적절한 '킬 존'을 설정하고, 클레이모어 대인지뢰 등을 설치한다. 경로상에 위치한 적에 대한 선형매복(리니어 앰부쉬)을 실시하는 것이다.

적이 킬 존에 진입하면 클레이모어를 일시에 격발하고 바로 직후에 총격을 퍼붓는다. 매복공격은 화력이 강한 순서대로 행하는 것이 철칙이다. M203 유탄발사기가 있으면 가진 탄약을 모두 소비할 각오로 공격을 가한다. 수류탄도 있다면 사용한다. 최대한의 화력을 동원해서 아측이 수적 열세에 있다는 점을 적이 알아채지 못하도록 하는 것이 중요하다.

클레이모어와 유탄, 수류탄과 총격을 조합해서 가하는 매복은 성공할 경우 적의 대다수를 무력화할 수 있다. 또한 매복공격이 실패하거나 불완전하여 적의 전투 가능병력이 우회공격을 시도할 가능성에 대비하여 부비트랩을 설치해 둔다. 이러한 경우 적은 추가적인 공격 및 추격에 적극성을 잃게 되며, 반대로 아측은 매복공격 직후 바로 현장을 이탈하여 아군과의 합류지점까지 전력으로 이동한다.

단, 개인적 경험에 의하면 위에서 언급한 테크닉은 미군의 경우 82공수사단이나 75레인저연대 등 정예부대에 대해서는 통하지 않았다. 정예부대는 이러한 전술을 숙지하고 있으며, 간단히 이러한 시도에 말려들지 않는다. 이러한 반격을 가할 경우 상대의 실력을 고려한 후 실행해야 한다.

(사진 : 미 해병대)

군견의 능력과 대책

◆군견의 공포

슬립 더 스트림에서도 간단히 다루었지만, 적의 추격에서 벗어나려 할 때 적이 훈련받은 군견을 대동할 경우 아주 곤란해진다.
대책을 생각하기 전에 우선 군견을 이해하고 넘어가자.
경찰견이나 군견에 셰퍼드나 도베르만 등 머리가 앞뒤로 긴 견종이 많은 이유는 냄새물질을 붙잡는 '후각상피(코 내부의 기관)'라고 하는 세포층의 면적이 넓어 더욱 냄새에 민감하기 때문이라고 한다. 엄밀하게 따지면 '개의 후각은 인간보다 100만배 뛰어나다' ※고 하는 표현은 같은 냄새를 100만배 강하게 느낀다는 이야기가 아니라 공기중의 냄새 물질이 인간이 감지해 낼 수 있는 양의 100만분의 1이라고 해도 개는 감지해 낼 수 있다는 의미이다. 또한 꽃이나 풀냄새 등 개에게 의미가 없는 냄새에 대해서는 둔감하고, 동물이 발산하는 유기물(탄소를 포함한 물질 전반)의 냄새에 민감하게 반응하게 된다.
그렇다면 구체적으로 군견이 맡는 냄새는 무엇인가? 그것은 인간의 몸에서 발산하는 미량의 냄새물질이다. 예를 들어서 사람의 몸에서는 땀이나 박테리아 작용에 의한 냄새 물질 배출에 더해 피부로부터 때나 비듬 등 미세한 피부조각의 파편이나 머리카락 등이 떨어지게 마련이고, 발바닥에서 분비되는 미량의 유기물질은 전투화 밖으로 새어나와 지면에 남게 된다. 경찰견이나 군견이 지면(발자국)의 냄새를 맡으며 대상을 쫓을 수 있도록 하는 것이 이 유기물질이다.

◆군견에 대한 대책

그렇다면 이와 같은 군견의 행동을 어떻게 방해할 수 있을까. 또한 냄새의 흔적을 최소화할 수 있을까. 그 대책을 아래와 같이 정리한다.

1. 짧은 두발(머리카락). 두발이 길면 땀도 많이 흘릴 뿐 아니라 냄새물질도 많아지고 그것만으로 군견에 추적당하기 쉬워진다. 두발이 짧으면 냄새물질도 적어지며 바람에 흩어질 가능성도 높아지기 때문에 군견의 추격을 어렵게 한다. 장발의 스나이퍼는 영화에서나 볼 수 있는 존재이다.
2. 일상적으로 깨끗한 피부를 유지하고, 임무중에는 노출을 최소화한다. 불결한 상태에서는 박테리아가 증식하기 쉽고, 피부가 노출된 상태에서는 피부세포를 더욱 많이 외부에 남기게 된다. 간혹 개가 아니라 사람이라도 냄새로 찾아낼 수 있지 않을까 싶은 정도의 체취를 풍기는 인원이 있는데, 이러한 인원은 스나이퍼에 맞지 않는다.
3. 무의식적으로 침을 뱉지 않도록 한다. 분뇨의 뒷처리도 주의한다.
4. 식량을 확실히 단속한다. 먹다 남은 식량을 개봉한 채로 백팩이나 주머니에 넣어두어서는 안된다. 개는 언제나 먹을 것을 찾아다니므로 위와 같은 행위는 개를 불러모으는 것과 마찬가지다.
5. 장비품을 정리정돈해 둔다. 총의 슬링(멜빵)이나 장비의 끈 등이 늘어져 있을 경

우, 그만큼 나무가지나 지표면과 접촉이 빈번해지므로 여기에 묻어있던 피부 세포조각을 흘리며 가는 것이나 마찬가지이다. 그 이전에 안전상의 문제이기도 한 만큼 테이프나 고무밴드 등으로 확실히 정리해 두도록 한다.
6. 전투화는 통기구가 없는 것으로 한다. 발냄새는 사람이라도 알아챌 정도로 강렬한 것이다. 통기구가 있는 전투화는 걸을 때마다 유기물질이 배출되어 군견이 추격할 수 있도록 안내판을 깔며 가는 것이나 같다.
7. 담배를 피우지 않는다. 흡연자의 몸에서 나는 담배냄새는 사람의 코로도 알 수 있을만큼 강하다. 군견에게는 좋은 표적이 될 뿐이다. 무엇보다도 흡연자는 몇십분 간격으로 몸이 니코틴을 요구하기 때문에 스나이퍼가 되기 어렵다.
8. 평소 비누, 향수, 데오도런트(탈취제) 등을 사용할 경우 필요 최소한을 사용하고, 냄새가 강한 것을 피한다. 가능하면 향수는 사용하지 않는다. 몸에서 불결한 냄새가 나는 것도 문제지만 향수냄새도 마찬가지다.

이상의 대책을 따른다 해도 군견의 추격을 뿌리치는 것은 매우 어렵다. 스립 더 스트림의 경우에도 물 깊이가 허리정도까지 오지 않으면 냄새를 지우기 어렵고, 피쉬훅의 경우에도 바람이 아측에서 적측으로 흘러갈 경우 발각되기 쉽다.
영화에서 이와 같은 상황을 보이는 좋은 예가 있어 소개하고자 한다. 슬립 더 스트림과 피쉬훅을 조합하며 군견대책까지 보여준 영화로, 2008년 공개된「람보:라스트 블러드」(람보 4)이다. 주인공 람보는 군견의 추격을 인지하자마자 함께 있던 여성의 옷 일부를 찢어 자신의 발에 감고선 여성과 반대방향으로 도주했다. 여성을 도주시키는 동시에 개를 자신에게 유도한 것이다. 이어서 불발탄이 방치된 곳까지 유도한 후 이 의상을 크레모아와 함께 불발탄에 설치, 연쇄폭발로 일망타진하였다. 실전에서는 이와같이 순조롭지야 않겠으나 훈련받은 특수부대원(및 스나이퍼)는 순간적으로 적절하고 효과적인 판단을 할 수 있음을 보여준다. 훈련과 경험이 있어야 가능할 것이다.
또한 람보는 시리즈 제1탄(퍼스트 블러드)에서도 경찰의 추격을 받는 과정에서 개를 최우선 위협으로 인식하여 가장 먼저 처치하고 있다. 영화로서의 람보 시리즈는 과격한 액션과 황당무계한 스토리에 주목하기 쉬우나, 실은 이와 같이 세세한 프로페셔널한 연출이 숨어있기도 하다.

※견종에 따라 (후각상피의 면적에 따라) 후각의 민감도가 다르기 때문에 100 만배는 통속적인 표현으로 쓰인다 .

스나이퍼팀의 전술

제5장

현대 스나이퍼의 전투

국제스나이퍼대회 리포트

실전형식의 경기를 통해 보는 현대의 스나이퍼

세계 각국의 스나이퍼가 한자리에 모여 최고를 뽑는 대회가 매년 가을에 개최된다. 이것이 인터내셔널 스나이퍼 컴페티션(국제 스나이퍼대회)이다. 실전형식으로 치뤄지는 여러 경기는 현대의 스나이퍼가 맞닥뜨리는 전장을 이해하는 데 있어 귀중한 기회라 하겠다. 이 이벤트를 취재했다. (플래툰 2017년 2월호에 소개 – 역자주)

◆세계 각국의 스나이퍼가 한자리에

조지아주 포트 베닝에 위치한 미 육군 스나이퍼 스쿨에서는 매년 가을 국제 스나이퍼 대회(International Sniper Competition)가 열린다.

미국 및 우호국의 현역 스나이퍼팀(스나이퍼, 스파터와 코치 3명구성)으로서 소속부대 지휘관의 허가가 있으면 누구나 참가할 수 있는 개방적인 대회로서, 미 육군뿐 아니라 해병대나 특수부대, 주 방위군, 나아가 국토안보부(DHS)나 여러 도시의 경찰팀 등도 참가하고 있고, 해외에서도 오스트레일리아 육군, 영국 육군, 덴마크 육군, 아일

미 육군의 스나이퍼를 길러내는 곳이 포트 베닝기지에 위치한 스나이퍼스쿨이다. 1987년 창설되어 2017년에 30주년을 맞았다. 안내판에는 'Death from Afar(먼 곳에서 날아오는 죽음)' 이나 'One Shot One Kill(일발필살)' 등 스나이퍼다운 구호가 적혀있다. 실내에는 각 클래스가 졸업을 맞아 표적판에 소속과 이름을 적어 만든 기념품이 걸려있었다.

대회를 운영하는 스나이퍼 스쿨의 교관이 경기방법 등을 설명하고 있다. 참가인원이 많기 때문에 몇개의 클래스로 나누어 여러 교장을 번갈아 사용했다.

랜드 육군, 캐나다 육군, 독일 육군 등에서 보낸 팀 등 모두 40개에 달하는 팀이 기량을 겨루었다.
필자는 매년 이 대회를 시찰하고 있는데, 몇해 전만 해도 단 몇개 팀만이 참가하는 조용한 경기였지만 최근 몇년간 규모도 커지고 참가하는 팀의 기량도 향상되어 있는 것을 느끼고 있다.
2015년 대회에서는 아일랜드 육군 팀이 미군 특수부대 팀 등을 따돌리고 해외참가자로서 첫 우승을 거두엇다. 이 팀은 매년 참가를 거듭해 성적을 향상시켜왔다. 그야말로 전 세계에서 가장 우수한 스나이퍼들이 모이는 대회인 것이다.

◆경기내용은 실전형식

스나이퍼대회라고 하면 멀리 떨어져 있는 과녁을 맞추어 점수를 겨루는 장면을 상상하기 마련이다. 이러한 장면이 없지는 않으나 이 대회는 단순한 슈팅매치에 머물지 않고 더욱 실전적인 요소를 포함하고 있다.
대회의 대략적 일정과 구성은 다음과 같다.
참가자는 일요일에 체크인(참가접수)을 하게 되며, 그 날 안에 영점사격 등 저격총의 조정등을 마친다. 이 대회에서는 .308구경의 총기만을 사용하게 되어 있지만 구경이 맞는다면 임무에 사용하는 것 이외의 총기류 반입도 가능하다. 또한 해외참가팀의 경우 총기를 지참하지 않고 입국한 후 운영측으로부터 총기를 대여받아 사용하는 경우도 있었다. 스파터 역시 .308구경의 정밀사격 라이플을 사용하고, 많은 경우 반자동총기를 사용했다.
경기는 월요일 이른아침부터 시작하여 목요일 밤중까지 96시간동안 연속적으로 이어진다. 21개 스테이션의 경기를 밤낮 가리지 않고 딱히 정해진 휴식이나 수면시간 없이 치루어나가야 한다. 각 스테이션의 경기내용도 무장상태로 5km 구보, 장비를 짊어진 채 행해지는 장거리행군 등이 포함되는 등 육체 및 정신에 부하가 걸린 상태에서의 사격, 즉 스트레스 슈팅의 비중이 크다.
예를 들어 올림픽선수를 배출할 정도로 우수한 인원이 많은 미 육군 사격부대 (AMU: Army Markmanship Unit) 팀은 지난 2016년대회에서는 하위에 머물렀다. AMU소속인원은 우수한 사수일 뿐 우수한 보병은 아닌 탓인지 체력 및 정신면에서 실전부대팀과 큰 차이를 낳고 있다. 다시말해 이 대회는 사격기술만큼이나 신체능력도 중요하게 평가하고 있다.
그러면 실제 대회의 내용에 대해 대표적인 것을 사진과 함께 소개해 보자.

◆포커숏

400m 전방에 트럼프카드가 무작위로 인쇄된 표적지를 설치한다. 45초의 제한시간 이내에 5발을 사격, 포커패를 만들어야 한다. 예를 들어 같은 무늬의 A, K, Q, J, 10을 맞추어 로열 스트레이트 플러쉬를 달성하는 식으로, 완성된 패를 기준으로 점수를 매기게 된다.
이 경기는 그저 400m 전방의 트럼프카드 크기의 과녁을 맞추는 경기가 아닌, 한정된 시간 내에 수많은 카드의 그림과 숫자를 읽어내어 패를 조합하는 관찰력과 지적판단이 요구되는 것이다.
물론 목표로 삼은 카드를 맞추는 것도 절대 쉽지 않다. 로열 스트레이트 플래쉬를 노리고 쏘았노라는 참가자의 표적지를 보니 전혀 엉뚱한 곳에 탄착되어 있었다. 이를 지적하자 로열 스트레이트 플러쉬가 어디 쉽겠냐는 웃음섞인 대답이 돌아왔다.

실물과 유사한 크기의 트럼프 카드가 무작위로 인쇄된 표적지. 400m 밖에서 이들 가운데 다섯개를 사격하여 패를 만들어야 한다.

◆노운 디스턴스 숏

표적까지의 거리를 알고 있는(Known Distance) 상황에서의 사격. 각각 200~700m 거리에 위치한 5개 표적에 대해 제한시간 7분동안 지정된 5개 사격위치에서 사격하게 되는데, 각 위치에서 2발까지, 양 팀원이 번갈아가며 사격한다.
사격위치는 각각 의자와 테이블, 대형 타이어, 벽체 등을 사용한 의탁사격과 삼각대를 사용한 서서쏴 자세로 이루어진다. 엎드려쏴 자세가 당연히 가장 안정된 자세이겠으나 실전의 경우 현장상황에 맞추어 여러 자세에서 사격을 실시해야 하며, 이러한 상황을 재현한 경기라 하겠다.
또한, 제한시간이 있기 때무에 한발 한발에 들이는 시간배분도 중요한 판단요소가 된다. 침착하게 시간을 들이면 사격의 명중률은 올라가나 제한시간에 걸려 사격을 마치지 못하는 경우도 있고, 실제로 많은 팀이 그렇게 되었다.
'기초편' 에서 스파터도 스나이퍼와 같은 사수로서 실전에서 교전하는 경우도 있다는 내용을 설명했는데, 이 경기는 그러한 스나이퍼와 스파터의 관계를 읽어낼 수 있을 것이다 (스파터는 통상적으로 스나이퍼보다 경험이 풍부한 사수가 담당한다).

타이어 구멍을 통해 표적을 조준하는 스나이퍼. 이 경기에서는 이렇게 어정쩡한 자세에서도 안정된 사격이 가능한지를 따진다.

◆여러 사격자세에서의 저격

계단모양을 한 나무판자벽. 실전에서는 언제나 최적의 자세를 취할 수만은 없다. 그때그때의 상황에 따라 임기응변을 통해 가장 안정된 사격자세를 취해야 한다. 이 벽은 그러한 상황을 구현한 것. 대회에서도 계단부분이나 구멍을 통한 사격 등 과제가 주어져 참가자를 괴롭혔다.

독특한 광경을 볼 수 있다. 사수가 엎드린 판은 지붕에 끈으로 매달려있고, 스파터는 이 판을 붙잡아서는 안된다. 당연히 불안정하게 움직이고, 사격의 반동으로 불안정성은 더욱 커진다. 많은 팀이 고전한 종목. 관찰한 바에 따르면 해병대팀의 성적이 좋았는데, 아무래도 흔들리는 배 위에서의 사격훈련의 성과가 아닐지.

◆언노운 디스턴스 스트레스 숏

300~700m구간 내에 정확한 거리를 알 수 없는(Unknown distance, UKD) 위치에 있는 4개의 금속성 표적을 7분 이내에 사격, 명중시키는 종목이다. 표적까지의 거리가 주어지지 않기 때문에 참가자는 관측을 통해 직접 거리를 측정해서 이를 극복해야 하며, 사격 전에 100kg 무게의 바벨을 20회 데드리프트하여 몸에 부담(스트레스)를 지운 상태에서 한 개의 표적에 2발까지만 사격하도록 되어 있다.

이 20회의 데드리프트를 어떻게 하는지는 각 팀의 자유인데, 각 팀의 개성이 드러나는 장면이었다. 어느 팀은 두명이 힘을 합해 20회 들어올렸고, 어느 팀은 각각의 인원이 10회씩 담당했다. 미 해병대팀은 힘이 좋은 인원이 혼자 20회 들어올리는 동안 다른 한 명이 스파팅 스코프로 표적까지의 거리를 계측하는 재미있는 광경을 연출했다. 한정된 시간을 어떻게 사용할지에 대해 각각의 체력과 상황을 고려한 전술적 판단도 필요한 경기라 하겠다.

사격 전에 100kg 무게의 데드리프트 20회가 규정된 스트레스 숏. 사진은 육군 제4보병사단 팀으로 둘이 함께 20회 들어올리는 장면. 각 팀은 한사람이 10회씩 분담하거나 들어올리는 방법을 독특하게 하는 등 지혜를 짜내야 했다.

또다른 스트레스 숏 경기에서는 무게추를 끌고 일정거리를 달린 이후의 사격 등 여러 방법으로 몸에 스트레스를 가한 상태에서 사격능력을 측정하였다.

◆롱 디스턴스 숏

.308구경의 유효사거리를 윗도는 800~1000m 거리에 설치된 표적에 대한 사격. 육안으로는 전혀 보이지 않는 표적을 스파터가 신속히 발견, 스나이퍼에게 적절하게 지시를 내려야 한다.

하지만 실제로는 이 거리에서의 사격은 대단히 곤란하기 때문에 초탄부터 명중시키는 팀은 아직 보지 못했다. 원거리 사격이다보니 탄의 하강폭도 매우 크고, 그러다 보니 마치 포병 사격처럼 최초 수정사격의 탄착을 스파터가 관측, 수정해 가는 방식을 택하는 경우가 많을 것이다.

몇 km 이상의 시계가 확보된 장거리 사격장에서 이루어진 롱디스턴스 숏 경기. 이번 대회에서는 이러한 장거리 사격장 4개가 활용되었다. 포트 베닝 기지에서는 이들 외에도 장거리사격장이 몇 개 더 있다.

◆멀티 디스턴스 숏

1000m밖에 표적이 설치되어 있고, 사격장은 200m마다 구획이 나뉘어 있다. 출발신호와 함께 지정된 거리의 지점까지 이동한 후 표적을 저격하는데, 당연히 시간제한이 있고, 빠른 시간에 완료할 수록 득점이 높기 때문에 참가자는 전력질주를 하게 된다. 호흡이 가빠진 상태에서 사격의 정확성을 겨루는 경기이다. 이런 점 등이 동계올림픽의 바이애슬론과 비슷하다 하겠다. 실제로 바이애슬론이 옛날에는 '밀리터리 패트롤'이라는 이름이었다고 한다.

출발신호와 함께 달리기 시작하는 스나이퍼와 스파터. 일정 구간마다 사대가 준비되어 있어 이들 사이를 이동하며 사격을 실시한다. 사대에 도착할 때쯤에는 호흡도 가빠져 있지만 시간도 채점대상인 이상 호흡을 가다듬을지 시간을 우선할 지를 판단해야 한다.

◆호스티지 시나리오 이벤트

표적이 인질(호스티지)을 잡고 도주중이라는 시나리오에 따른 경기. 사격장에는 각각 인질범과 인질을 재현하는 인간형 표적을 무선조종식 이동 거치대에 태운 목표물이 2세트 준비되고, 제한시간 7분 내에 제한탄수 30발을 사용해서 도주하는 '인질범' 을 사격, 득점을 겨룬다. 당연히 '인질' 에 맞았을 경우 감점이 있다.
첫번째 목표물은 약 250m 거리에서 출발하여 사수로부터 멀어지는 방향으로 직선상으로 도주한다. 가까운 거리인데다 좌우로의 움직임이 적기때문에 자연스럽게 초탄부터 명중시키는 팀이 많았다.
문제는 두번째 목표물인데, 500m 위치에서 좌우 방향으로 도주하기 때문에 이동방향으로 예측사격을 해야 하는 데에서 애를 먹는 팀이 많았다. 게다가 인질을 방패삼도록 움직이는 경우도 있어 난이도는 매우 높아진다. 이동표적에 대한 정확한 저격의 어려움을 절감케 하는 경기이다.
또한 이 경기에서는 팀에 따라 스나이퍼와 스파터의 역할의 차이를 보였다. 스파터가 관측만 전담하는 팀도 있거니와 스나이퍼와 스파터가 함께 사격하는 팀도 있었다. 각 팀마다 전술의 차이가 있음을 확인할 수 있었다.

호스티지 시나리오 경기에서 사용된 인간형 표적. 이것들이 무선조종식 이동 거치대에 설치되어 도망을 다니게 된다. 좌우로 움직이는 표적에 고생하는 팀이 잇따랐다.

◆로드 마치

12km거리의 야간행군 구간이다. 군 소속 팀 대부분은 총기류를 수납하는 전용 백팩을 지참하였지만 그러한 장비 없이 참가한 팀은 매우 고생스러워했다.

◆타겟 디텍션

적성지역 안의 시가지에 잠입, 은신상태로 정보를 취득하는 내용. 제한시간 안에 적의 사령관, 무기고, 대공미사일 등 고가치표적(HVT, High Value Target)을 최대 6개까지 발견해 내야 한다. 또 가상적부대가 시가지를 경비하고 있어, 이들에게 발견된 시점에 게임오버가 된다. 낮과 밤 두번 실시된다.

타겟 디텍션 경기에 참가하는 팀이 주의깊게 위장을 실시하고 있다. 정확한 정보를 수집하는 과제를 수행하는 경기로, 목표에 접근하는 만큼 정보의 정확성이 높아지는 반면 발각될 위험성도 높아진다.

◆카빈 장애물코스

O(Obstacle) 코스, 즉 장애물이 설치된 구간에서 방탄장비(방탄복 및 헬멧)등의 실전 장비를 걸친 상태로 벽이나 로프 등 장애물을 극복하고, 저격총이 아닌 M4 카빈을 사격하게 된다. 실전에서는 스나이퍼도 이동간에는 카빈을 사용하므로 이 능력을 시험하는 경기내용이다.
군인(특히 경보병)은 일상적으로 유사한 훈련을 경험하기 때문에 무리없이 통과하는 팀이 많았으나 경찰팀의 경우 익숙치 않은 장애물에 애를 먹는 경우도 많이 보였다.
또한 카빈 이외에도 권총을 사용하는 종목도 있어 저격총 이외의 무기를 종합적으로 다루는 능력을 보는 과정이다.

장비를 착용한 채로 장애물코스에 임하고 있다. 무겁고 거추장스러운 장비를 두른 채로 벽, 사다리, 로프, 터널 등 여러 장애물을 통과하는 것이 쉽지만은 않다. 또한 저격총이 아닌 카빈 사격도 이 과정에 포함되어 있다.

권총을 사용하는 경기모습. 몇백미터 떨어진 목표에 대한 정밀사격 직후 사이드암(권총)으로 전환, 바로 몇미터 앞의 목표를 타격하는 경기인데, 제대로 맞추지 못하는 참가자가 상당히 많았다. 스나이퍼 라이플과 권총 모두를 능숙히 다루기는 아무래도 어려운 듯.

◆현실의 스나이퍼

이들 경기를 관찰하다 보면 스나이퍼가 실전에서 어느 정도의 교전거리를 가정하고 어느 정도를 명중시킬 수 있을지 대략의 능력을 파악할 수 있다.
영화나 드라마에서 1000m 떨어진 표적의 머리를 차례로 맞추는 스나이퍼도 나오지만 어디까지나 허구이며 과장일 뿐이다. 대회에서 전제된 교전거리는 300~700m 정도이고, 이 거리에서도 100%의 명중률은 나오지 않는다. 표적이 움직이는 상황이라면 더욱 곤란할 것이고, 1,000m의 거리라면 초탄명중은 대단히 어렵다.
또, 몇년 전에는 공중에 호버링하는 헬기에서 지상에 설치된 60센티정도 크기의 철제 인간형 표적(페퍼 파퍼:Pepper Popper라고 부른다)을 쏘는 경기가 있었는데, 액션 영화에서 보듯 지상의 목표물을 차례로 쓰러뜨리는 장면은 연출되지 않았다. 개인적으로 현역복무중 헬기에서 사격을 할 기회가 없었으므로 흥미롭게 지켜보았으나, 참가한 30개 팀에게 각 팀당 5발씩을 사격하게 한 결과 명중은 단 1회뿐이었다.
이 책을 읽어온 독자라면 이해할 수 있겠지만, 중장거리 저격은 바람의 영향과 함께 총구의 미세한 움직임도 명중률에 큰 영향을 끼친다. 공중에 떠있는 헬기의 진동, 로터에서 발생하는 바람(다운워시)의 영향 가운데에서 정밀한 사격은 매우 곤란할 것이다. 페퍼포퍼는 움직이지 않는 표적이지만 이것이 실제 인간이라면 더욱 명중률은 떨어질 것이다.
이 때 어느 스나이퍼는 착륙한 헬기에서 내리면서 짜증스레 " Who could hit that shit?" (저따위것 맞출 수 있는 놈 있긴 있어?)라며 욕지거리를 뱉었는데, 아마도 그것이 현실일 것이다.
헬기에서의 저격은 가까운 거리에서 잘해야 사람크기의 표적에 맞추는 정도를 기대할

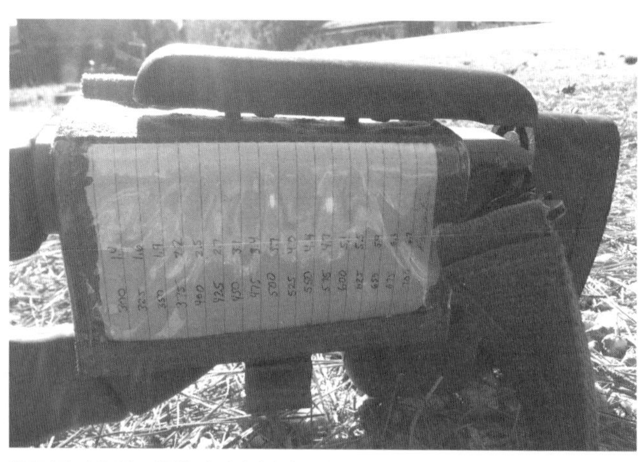

참가자가 사용하는 저격총의 개머리판에 부착된 탄도표 (거리에 따른 탄두의 낙차를 정리한 표 , 일명 DOPE 카드). 300~700m 까지 25m 간격으로 낙차수정값이 적혀있다 . 밀리터리 (군) 스나이퍼의 경우 대략 1,000m 까지의 거리를 25m 나 50m 간격으로 나눠서 적은 경우가 많다 .

수 있을 것이며, 머리부분 등에 대한 정밀사격은 불가능하다고 보아야 할 것이다.

◆자위대도 참가해 볼 것을 강하게 추천

대회에서 아는 사람들을 만나는 경우도 많다. 2016년대회에서는 한국인 밀리터리 포토그래퍼 Ted Tae(주: 본지 태상호 기자)씨와 우연히 만났다. 놀랍게도 그는 한국군 장병 10명 이상을 안내하려 방문한 것이었다. 듣자하니 한국군은 2017년부터 대회에 참가할 예정이라고 하며, 참관차 방문한 장병은 진지하게 대회의 내용을 시찰하고 있었다. 내가 여러 해동안 매년 이 대회를 참관해왔다고 하자 이들의 지휘관으로 보이는 인원이 참고할 만한 사항을 질의해 왔다. 나의 답변은 아래와 같다.

「참가인원을 선발할 때 사격기술은 물론이고 미군 레인저 훈련 수준의 훈련과정을 통과한 신체능력이 뛰어난 인원이 바람직합니다. 또한 코치는 영어를 완벽히 이해할 수 있어야 합니다. 지금까지 의사소통이 충분치 않아 경기내용을 잘못 이해하는 탓에 점수를 잃은 해외참가팀을 여럿 보았습니다. 장비면에서는, 저격총을 넣어 다닐 수 있는 스나이퍼 전용 백팩을 반드시 준비해야 합니다. 양손이 자유로와지므로 피로도의 차이가 대단히 큽니다.」

나의 이야기를 진지하게 듣는 모습에서 이들이 단지 참가에 의의를 두는 것이 아니라 우승까지 노리고 있는 듯한 느낌마저 들었다.

여기까지 읽은 독자는 일본의 자위대는 참가하지 않는가 궁금해 할텐데, 현 시점에서

앞에서 말했듯 사용할 총기를 반입하는 것이 허용되다보니 진귀한 축에 속하는 총기를 사용하는 참가자도 있었다. 사진은 해병대 제2해병원정군팀 스파터가 사용한 JP 엔터프라이스제 반자동 라이플 LRP-07로, AR15 계통의 조작성 그대로 .308구경탄을 사격할 수 있다.

우승을 거둔 미시간주 방위군 제 126 보병연대 제 3 대대 본부중대소속 인원 2 명 (사진 가운데) 에게 라이플을 본뜬 트로피가 수여된다 . 아시아계 미국인인 듯 두명 다 작은 체구이다 . 키 180cm 가 넘는 인원이 즐비한 참가자들을 제치고 당당히 우승을 거둔 것이다 . 개인적으로 이들 두 명의 부사관이 표창대에 오르는 순간 '저렇게 작은 사람들이 우승이라니 !' 하고 놀란 바 있다 .

는 참가하고 있지 않다. 하지만 앞으로 참가할 가능성은 있으며, 개인적 의견으로도 참가를 강하게 추천한다. 이 대회는 현대의 최고수준의 스나이퍼가 모이는 곳으로, 귀중한 경험을 쌓고, 실력을 높일 수 있는 기회인 것이다. 비교적 적은 예산(팀 몇 명의 항공비정도. 참가자에게는 숙식이 제공된다)과 단기간(최대의 경우에도 10일정도)에 실전적 훈련을 받을 수 있다. 물론 육상자위대 뿐 아니라 해상이나 항공자위대, 해상보안청과 각 단위경찰도 참가하여 돈으로 따질 수 없는 것을 얻을 수 있다. 한국군에게 뒤처지지 않기 위해서라도 반드시 참가를 검토해 주기 바란다.

◆2016년도 대회의 우승자

이번 2016년대회에서 역전극이 벌어졌다. 막판까지 육군 제19 특수작전그룹 (일명 '그린베레' 가운데 하나) 팀이 리드하고 있다가 최후에 미시간 주방위군팀이 우승했다. 정규군과 달리 주방위군은 매월 이틀간의 훈련과 연간 2주의 연습이 전부이다. 이 주방위군의 인원이 정규군의 최정예인원을 제치고 거둔 우승은 대회 역사에 남을 쾌거이다. 이 사건은 군 내부에서도 화제가 되었고, 표창행사에서는 기립박수로 이들을 맞이했다. 나도 잠시동안이나마 미시간 주방위군에 소속된 일이 있었던지라 생판 남의 일만은 아니었다.

2등을 거둔 미 육군 특수부대 스나이퍼 스쿨의 교관팀, 3등은 위의 19특수작전그룹팀, 4위 이하 각 정규군의 쟁쟁한 요원들을 제치고 거둔 이들의 우승은 더욱 소중한 것이라 하겠다.

현역 육군 스나이퍼에게 질문

현대 스나이퍼의 '실제 모습'

(사진 : 미군)

미 육군 굴지의 정예부대 , 제 75 레인저연대에 속하며 이라크 아프가니스탄 등 현대의 대테러전쟁에서 풍부한 실전경험을 쌓은 현역 스나이퍼에게 , 현대 스나이퍼의 '실제의 모습' 을 물었다 .

- 소속부대를 알려줄 수 있는지

저는 레지먼트(제75레인저연대 소속 부대원은 자신의 부대를 이렇게 부른다) 소속입니다. 더 자세하게 말하면 레인저연대 화기소대소속입니다.
일반적으로 미 육군의 스나이퍼는 보병대대 본부중대(HHC) 정찰소대에 소속되지만, 레지먼트에서는 각 소총중대의 화기소대에 스나이퍼가 배치됩니다. 저역시 이전에는 일반 보병대대 정찰소대에도 있었습니다.

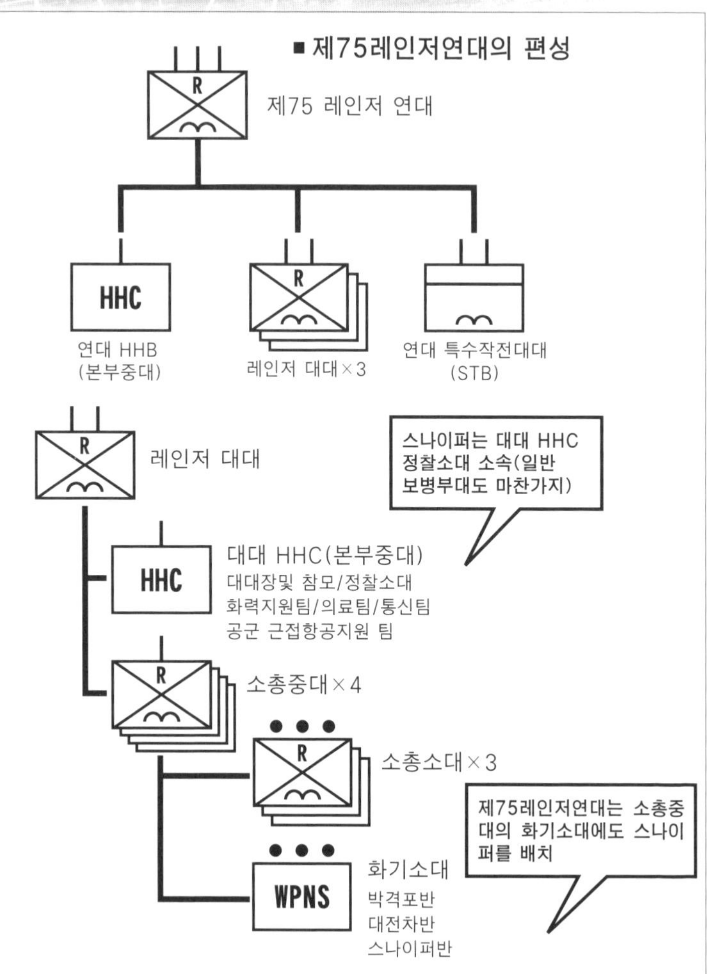

제 75 레인저연대는 미육군 특수전사령부 (USASOC) 예하의 정예부대로, 자세한 내용은 '일러스토 배우는 세계의 특수부대 미국편' 을 참조바란다.

75 레인저 연대는 3 개 레인저대대와 1 개 연대특수대대 (Special Troops Battalion, STB) 등 4 개 대대로 구성되어 있다. 일반 보병부대의 경우에는 스나이퍼가 대대본부 정찰소대에 배치되어 있지만, 제 75 레인저연대에서는 그외에도 각 소총중대의 화기소대에도 배치되어 있어 이들에게 부여되는 임무의 특수성을 엿볼 수 있다.

또한, STB 내의 연대정찰중대 (Regimental Reconnaissance Company, RRC) 는 합동특수작전사령부 (JSOC) 에 직속되어 특수임무를 수행하는 최정예부대인데, 여기에도 스나이퍼가 배치되어 있다. 이들 부대는 기밀수준이 높은 관계로 자세히 적을 수 없다.

※위 구성도는 지원부대를 생략하고 전투부대만을 기재한 것

대구경저격총인 M107 바레트는그 무게때문에 장거리를 이동하는 임무에는 적합하지 않다. 관측소(Observation Post, OP) 등 고정된 위치에서 수행하는 임무에 사용되었다.

- 어떤 총기류를 사용했습니까?

일반부대의 경우로 한정하자면 M24SWS나 M110을 사용했습니다. 경우에 따라 M107을 사용할 때도 있습니다. 아무래도 가장 신뢰도가 높은 것이 M24였고 부대원들도 즐겨 사용했지만 임무에 따라 M110이 더 적합한 경우도 있습니다. 예를들어 비교적 교전거리가 짧고 연발사격으로 엄호할 필요가 있는 경우입니다.

M107은 거의 사용할 일이 없었습니다. 그 무게때문에 차량에서 먼 곳까지 이동할 수 없어서 그렇기도 하고, 또 우리가 사용하는 차량들에는 더 강하고 사정거리도 긴 무기(M2 중기관총이나 대전차 미사일)등이 탑재되어 있기도 하기 때문입니다. 단, 아프가니스탄에서 감시임무를 받고 관측소(OP)에 있을 때엔 M107이 유용했습니다. OP는 시야가 트인 산 정상같은 곳에 설치되는데, 시야가 너무 좋다보니 7.62mm 구경 저격총의 유효사거리 바깥의 적을 발견하는 경우도 많습니다. 레지먼트의 무기고에는 Mk.13도 있었습니다

(역자 주:이 인터뷰는 2015년 연말에 이루어진 것으로, 2017년 이후 육군의 저격총은 큰 변화과정을 겪고 있는 바 볼트액션 저격총은 M24SWS에서 레밍턴MSR 등으로 전환되고 있다. M110도 새로 채용된 M110A1으로 교체가 2019년부터 본격적으로 진행되고 있다).

- 사용하는 저격총은 사용인원에 맞게 커스텀하기도 합니까?

어느 정도는 허용이 됩니다. 하지만 부대를 떠나게 될 때에는 원상복구한 이후 반납을 해야 하니 필요에 따라 부착물을 사용한다는 정도로 생각하면 됩니다.

제 M24는 치크패드, 노리쇠 손잡이에 볼트 리프트※, 개머리판 아래에 모노포드 정도를 제가 직접 선택해서 부착했습니다. 위장도색이나 총열교환 등은 허가되지 않습니다. 특히 총열의 경우 개인소유의 총열을 부착한 총기는 '개인소유물품' 으로 간주되기때문에 이걸 사용해서 적을 살상할 경우 살인죄로 기소될 가능성도 있습니다. 그렇게까지 하지 않아도 레지먼트에는 우수한 건스미스가 있기때문에 각자 개개인의 요구를 거의 들어줍니다.

- 스나이퍼는 어떤 팀을 짜서 임무에 임합니까?

팀 구성은 임무에 따라 다르기 때문에 한마디로 이러이러하게 구성된다고 말할 수는 없습니다. 예를 들자면 공군의 기상담당장교나 전투항공통제관(전선에서 항공지원요청이나 항공관제를 맡은 '컴뱃컨트롤러' . 자세한 사항은 '일러스트로 배우는 세계의 특수부대 미군편' 참조)이 동행한 일이 있었습니다. 아프가니스탄에서 새로 배치될 지역을 정찰할 때였습니다. 기상이 불안정하기때문에 항공기를 운용하는데 필요한 정보를 현장에서 직접 관측할 필요가 있었습니다.
또 정찰임무 도중에 오래된 다리가 있었는데 아군의 장갑차량이 다녀도 될 정도로 튼튼한지를 확인할 필요가 있어서 12B(전투공병의 주특기번호. 타 병과를 지칭할 때 일상적으로 사용한다. 자세한 사항은 위 책 참조)와 동행했습니다. 다리를 12B 인원들이 체크하는 동안 저희 스나이퍼팀은 좀 떨어진 위치에서 오버워치(감제위치에서 전장감시임무)를 통해 그들의 임무를 엄호했습니다.

※볼트리프트란 노리쇠 손잡이 (장전손잡이) 에 부착해 더욱 잡고 조작하기 편하게 해 주는 부속 .

다리의 강도를 체크하는 전투공병을 약간 높은 위치에서 오버워치, 인원의 활동을 지원하는 스나이퍼.
스나이퍼는 다양한 임무가 부여되며, 팀의 구성도 임무에 맞게 달라진다.

통상적으로 스나이퍼팀은 주력부대가 작전을 수행하기 위한 준비작전(Pre Mission)과 관한 임무를 맡는 경우가 많고, 거기에 필요한 인원이 필요에 따라 팀으로 짜이는 형식입니다.

- 잠입(인필)과 퇴출(익스필)에는 어떤 방법을 취하는지?

상황에 따라 다르지만, 레지먼트는 공수강하나 헬기를 사용한 인필을 자주 사용합니다. 헬기를 사용할 경우 제160 특수작전항공연대(미 육군의 특수전 지원 전문 항공부대. 세계의 특수부대 1권 참조)의 MH-60G나 MH-47G를 이용하는 것이 일반적입니다. 야간에 무등화 초저공 포복비행을 하기 때문에 아주 위험한 임무지만 파일럿의 실력이 워낙 뛰어납니다. 또 연대 정찰중대(RRC)에는 스쿠버(잠수)임무 등을 맡을 수 있는 팀도 있어서 필요에 따라 워터인필(수로잠입)을 실행합니다. 익스필은 퇴출용 차량과 합류하는 것이 일반적이었습니다. 적대상황하 퇴출(적에게 발견되어 추격을 받는 상황, Hostile exfil)은 훈련으로는 경험해 봤지만 실전에서는 누구나 겪고 싶지 않은 경험입니다. 죽고싶지는 않거든요. 긴급상황훈련(Special Patrol Insertion / Extraction, SPIE. 헬기가 늘어뜨린 로프에 대원들이 장착한 특수 하네스를 결합, 매달린 채로 탈출)도 받긴 했는데, 실전에서는 절대로 경험하고 싶지 않습니다. 위험하기도 하지만 겨울이나 한랭지역에서는 공중에 매달린 채로 추위에 떨며 하늘을 날아야 하거든요.

- LP/OP(감시거점)은 어떻게 정합니까?

기본은 [OCOKA]입니다 (은폐, 엄폐, 시계, 사계, 장애물. 세부는 '기초편' 참조). 거의 모든 경우 맵 리콘(지도 및 정찰사진의 검토과정)에서 감시위치를 정할 수 있지만, 실제 현장에 내려 봐서 약간 변경될 경우도 있습니다. LP/OP는 그 성격상 시계가 양호하고 혹 저격이 필요해질 경우 가능한 장거리까지 공격할 수 있는 장소가 최선입니다. 또 아무리 시계가 좋더라도 자신이 노출되어버리는 일은 있어서는 안되기 때문에 모습을 드러내지 않을 수 있도록 하는 고려가 필요합니다.

특히 적으로부터 우리를 향해 접근하는 접근로(AA, Avenue of Aproach)가 한정되는 지형이 특히 효과적입니다. 적의 접근방향을 미리 알고 있으면 대책을 세우기도 좋고, 그만큼 안전하기 때문입니다. 예를 들어 LP/OP의 북측에 강이 있고 동측에 절벽이 있다고 합시다. 이런 경우 적의 접근로는 남측이나 서측이 됩니다. 이럴 경우 남서방향으로 크레모아를 몇 발 설치해 둡니다.

LP/OP를 설치할 때는 OCOKA 외에도 주의할 점이 많이 있습니다. 특히 기억에 남는 것이 독충입니다. 포트 블랙에서 훈련중에 스파터가 거미에 물려서 팔이 뽀빠이 오른팔처럼 부어올랐던 일이 있습니다. 곧바로 MEDEVAC(의료후송헬기)를 불러서 생명에 지장은 없었지만, 당황한 나머지 엉뚱한 무선주파수에 대고 무선을 치기도 했고, [9 LINE MEDEVAC]이라고 해서 의무헬기를 부를 때 보고해야 하는 부상상황보고 9개사항이 있는데 이것도 제대로 못하고 했던 실패담이 있습니다. 그 일이 있고 나서는

- 훈련중 독충에 물려 팔이 부어올라버렸다. 스나이퍼의 '적'은 적의 병사만이 아니다. 독충이나 세균, 풍토병, 자연환경 등 대자연을 가볍게 여겨서는 안된다.

LP/OP 부근의 환경을 잘 살펴서 인체에 유해한 동식물을 식별/예방하는 버릇을 들였습니다. 일반인들로서는 날아오는 총알만 조심하면 될 거라 생각하시기 쉽지만, 어머니 대자연 '마더네이처' 는 때로 총알 이상으로 위험합니다.
또 물을 확보하는 것도 대단히 중요합니다. 감시임무에 임하다보면 물이 얼마나 고마운지 실감하게 됩니다. 마시는 물만으로도 하루 2리터를 사용합니다. 샤워나 목욕까지는 못해도 몸을 닦아주기라도 해야 하고, 이도 닦아야 하고… 물은 아무리 많아도 충분하지 않지만, 가지고 다닐 수 있는 양은 한계가 있기 때문에 LP/OP 근처에서 확보할 필요가 있습니다. 물이 있다고 다 되는 것도 아닌 것이, 아프가니스탄에서는 개울물 속에 이질균이 있는 경우도 있었습니다. 지역의 상황에 따라 임기응변으로 대응해야 합니다.

- 감시임무중엔 로테이션을 어떻게 구성합니까?
본부의 지시에 따르는데, 100%, 50%, 25%라는 식으로 전환합니다. 팀이 4인구성일 때, 100%라면 4명 전원이 감시에 임합니다. 50%는 두 명, 25%는 한 명이 감시에 임하는 동안 나머지 인원은 휴식을 취합니다. 인간의 집중력에는 한계가 있으므로 피로를 남기지 않도록 휴식을 취해 두는 것이 중요합니다.

교대로 휴식을 취하는 스나이퍼팀. 임무나 상황에 따라 100%, 50%, 25% 라는 식으로 로테이션 형식으로 번갈아 감시와 휴식을 전환한다. 일러스트는 절반의 인원이 휴식중인 50% 배치.

- 기온이나 습도, 고도 등 환경에 따라 탄도가 달라집니다. 여러 지역에 파견된 경험을 가지셨을텐데, 파견지에서 영점조절은 언제 실시하는지요?
스나이퍼는 여러 상황이나 환경에서 저격한 데이터를 로그북에 기록합니다. 이걸 토대로 기상조건이나 고도가 변해도 어느 정도는 대응할 수 있습니다. 또 경험이 풍부한 스파터가 조절지시를 내립니다.
물론 파견지에 도착하면 우선 전방작전기지(FOB)에서 다시 영점을 조절합니다. 저격위치는 FOB에서 그렇게 멀리 떨어져있지 않으므로 잠입한 곳에서 다시 조절할 필요는 거의 없습니다.
저격에 주는 영향이 가장 큰 것은 아무래도 옆바람일 겁니다. NTC(미 캘리포니아주 모하비사막에 위치한 사막전훈련장)에서 총이 휘청거릴 정도로 강한 바람이 부는 가운데에서 훈련을 받은 일도 있습니다. 사막의 모래바람이다보니 시야도 거의 확보되지 않고, 도저히 뭘 어떻게 해 볼 수조차 없더군요. 나중에 이라크에서 겪은 모래바람은 NTC에 비하면 참을 만 하더군요.

- 실전에서 겪은 최단거리와 최장거리 저격거리가 어떻게 되는지.
가까이는 이라크 바그다드에서 300m정도 거리였습니다. 적의 박격포 탄착관측반(FO)이었습니다. 최장거리는 아프가니스탄 OP에서 M107로 1500m 거리에서 성공한 일이 있습니다.

- 실전에서 수행한 임무는 어떤 것이 있습니까?
방금 말한 바그다드때 이야기를 하죠. 부대가 적의 박격포공격을 받고 있었습니다. 그 탄착이 이상하리만큼 정확하고 탄착수정도 이루어지고 있다는 점에서 적의 FO가 가까이 있다고 판단되었습니다. 가까운 건물의 옥상에 올라 넓은 시야를 갖도록 스코프의 배율을 낮춘 상태로 감시하니 적 FO로 보이는 인물이 두 명 있었습니다. 어느 건물 3층 베란다인 듯한 곳에 흰 민속의상을 입은 인원 1명과 이라크군 군복을 입은 인원 1명이 배치되어 있었습니다. 군복을 입은 자는 휴대전화같아 보이는 통신장치를 한손에 들고 탄착방향을 가리켜가면서 지시를 내리는 것처럼 보였고, 그런 동작에서 이 인원이 단순한 관망자가 아닌 FO라는 확신을 갖게 되었습니다.
해당 내용을 보고한 후 위 인원 2명을 무력화했습니다. 우리 판단은 옳았던 듯, 직후에 박격포 공격이 바로 그쳤습니다. M110을 운용하였습니다. 비교적 단거리인 시가지상황이었고, 여러 목표물을 연속해서 제압할 필요가 있는 이러한 상황에서는 M110이 위력을 발휘합니다.
또 이라크에서 여러 번 주어진 임무가 Cordon and Search(일정 지역을 봉쇄하고 테러용의자등의 가옥을 수색하는 임무) 작전을 수행하는 보병팀을 오버워치(전장감시임무)로 엄호하는 것이었습니다. 적의 움직임을 조기에 발견하거나 IED 설치를 경계하는 것으로, 아군의 눈이 되어주는 임무입니다. 이런 것은 현재진행형이기도 하기에 상세히 말씀드릴 수 없습니다.

- 감사합니다

후기

일러스트로 배우는 모던 스나이퍼' 2권째를 낼 수 있게 되었다. 1권째 '기초편' 을 마무리하자 바로 이 책의 원고를 작성하게 되었다. 사실은 스나이퍼의 방대한 테크닉을 1군에 모두 담을 수 없어서 2부작 편성으로 계획한 데 따른 것이다. 혹시 아직 기초편을 보시지 못한 분은 꼭 한 번 읽어보시기 바란다.

실상, 이 책에서 거론하는 '스나이퍼' 라는 단어가 정착된 지 그렇게 오래되지 않았고, 경찰 등에서는 '정치적으로 올바른(Politically Correct)' 용어로서 '샤프슈터, 프리시젼 슈터, 막스맨' 등의 용어를 쓰고 있기도 하다. 미 육군의 역사는 240년을 넘기고 있지만 스나이퍼스쿨이 설립된 것이 겨우 30년전. 즉 스나이퍼는 미 육군 내에서조차 비교적 새로운 독트린인 것이다.

육상자위대의 경우를 보면 저격과정이 후지학교에 설립된 지 불과 몇 년밖에 지나지 않았다(2015년이라고 들었다). 하지만 현대 전장에 있어서 스나이퍼의 수요는 갈수록 커지고 있으며 앞으로도 이런 추세는 계속될 것이다.

한편 영화나 창작물에서 스나이퍼에 대해서 과장된 내용과 현실이 뒤섞여버린 내용이 너무 많이 나와버리다보니 이런저런 '도시전설' 처럼 되어버린 감도 있다. 일반인으로서는 무엇이 정확하고 무엇이 잘못된 것인지 판단하기 어려울 것이다. 그러한 '저격' 에 대한 주제를 원래 있어야 할 자리로 되돌리는 데 기여하는 데 도움이 되는 책이 되면 좋겠다.

이 책의 집필과 제작에 거의 1년이 걸렸다. 육군복무당시의 동료, 선배, 후배들과의 연락, 국제저격수대회와 샷 쇼의 시찰, 스위스에서 취재 등 여러 일을 편집자 아야베씨와 함께 이루어냈다. 지금까지 10권 이상의 책을 내 왔지만 그 가운데 가장 힘을 쏟은 책이 이 시리즈가 아닌가 자부한다. 물론 이 책을 완성하는 데엔 많은 관계자 여러분의 지원을 받았음을 밝혀둔다. 특히 스위스에서 브뤼서&토멧 및 RUAG사의 전면협력이 있었고, 특수탄약인 .300위스퍼에 관한 귀중한 정보를 얻을 수 있었다. 이 자리를 빌어 감사말씀을 드린다.

제가 관여한 '일러스트로 배우는~' 시리즈도 이 책이 3권째이다. 처음엔 저항감도 있었지만 군사전술을 논하는 어려운 테마를 알기쉽고 즐겁게 표현하는 방법이 있다는 사실에 생각을 고치게 되었다. 앞으로도 기회가 있으면 여러분께 많은 정보를 전해드리고자 한다.

이이시바 도모아키

일러스트레이터 소개

이 책에 멋진 일러스트를 그려준 일러스트레이터들을 소개하겠습니다!

Cover illust : 松竜

Guide Characters: ヒライユキオ

L115A3 : tef

PSG-1 : 硯

G28DMR : 23

APR338 : daito

SPR300 : 七G

SSG-08 : めそんちゅ

드라구노프 SVD : ハンコノヒト

「저격총을 구성하는 시스템」 : Prime

「현대 스나이퍼의 전투」 외 : サンクマ